普通高等教育“十三五”规划教材

分析化学实验

张建刚　主编

中国林业出版社

内容简介

本书是通过吸收近年来国内外分析化学实验教材的特点和我国高等农业院校分析实验教学课程体系改革的研究成果编写而成。它包含了目前我国大多数高等农、林、水产院校所开设的分析化学实验范围，内容丰富，结构新颖、合理，既可作为高等农、林、水产院校各专业独立开设分析化学实验课的教科书，也可作为其他与生物相关的专业工作者和社会读者的实验参考书。

图书在版编目（CIP）数据

分析化学实验/张建刚主编. —北京：中国林业出版社，2018.9
普通高等教育“十三五”规划教材
ISBN 978-7-5038-9723-8

Ⅰ.①分… Ⅱ.①张… Ⅲ.①分析化学-化学实验-高等学校-教材 Ⅳ.①O652.1

中国版本图书馆CIP数据核字（2018）第204528号

国家林业和草原局生态文明教材及林业高校教材建设项目

中国林业出版社·教育出版分社

策划、责任编辑：高红岩

电　话：（010）83143554　　**传　真：**（010）83143516

出版发行　中国林业出版社（100009　北京市西城区德内大街刘海胡同7号）
　　E-mail：jiaocaipublic@163.com　电话：（010）83143500
　　http：//lycb.forestry.gov.cn
经　销　新华书店
印　刷　三河市祥达印刷包装有限公司
版　次　2018年9月第1版
印　次　2018年9月第1次印刷
开　本　787mm×1092mm　1/16
印　张　5.25
字　数　122千字
定　价　15.00元

前　言

本书是在吸收国内外分析化学实验教材及山西农业大学实验课程体系改革经验的基础上，结合农林院校课程的特点及编者多年来的教学实践与体会编写完成的。教材内容和结构安排合理，充分考虑到我国农、林、水产各高校的现状与实际，既有本门课程自身的独立性、系统性和科学性，又照顾到与各有关化学课程及其他专业课程的联系与衔接。教材中的综合实验和自行设计实验有利于学生对本门课程教学内容的全面了解和掌握，有利于增强学生分析和解决问题的能力以及创新精神的培养。每个实验由实验目的、实验原理、实验仪器与试剂、实验内容、实验数据记录及处理、思考题等内容组成，每个实验均涉及化学基本仪器的使用，可操作性强，将定量实验与定性实验有机结合。

全书共由分析化学实验基础知识、常用分析仪器及其操作技术、基础实验、综合实验及自行设计实验和附录5部分组成。本书由山西农业大学张建刚教授担任主编，参加本书编写的有：山西农业大学武鑫（第1章）、段云青（第2章）、张丽（第3章3.1～3.3）、郭晓迪（第3章3.4～3.8）、张建刚（第3章3.9～3.14）、刘晓霞（第4章）和冀华（附录）。全书由张建刚修改并统稿。山西农业大学刘金龙教授主审并提出了许多宝贵意见。在此对各位老师特致谢意！

在本次编写过程中，我们尽了自己的最大努力，但限于水平，书中难免还会有错误或不当之处。我们恳切希望使用本书的同行和读者批评和指正。

编　者

2018年3月

目　录

第1章　分析化学实验基础知识

1.1　分析化学实验安全规则

在分析化学实验中，有时会使用易燃易爆的、腐蚀性的或有毒的化学试剂，有时会在易破损的玻璃仪器中进行实验，还会用酒精灯、电炉或煤气灯加热等。为确保实验的正常进行和人身安全，必须自觉遵守分析化学实验的操作规则和实验室的安全规则。

①实验室内严禁饮食、吸烟、随意点火及高声喧哗等，一切化学药品禁止入口。

②实验开始前，应仔细检查仪器有无破损，装置是否正确、稳妥。实验进行时，不得擅自离开岗位。

③使用电器设备时应特别小心，切不可用湿润的手去开启电闸和电器开关，发现漏电仪器，应停止使用，以免触电。

④使用浓 HNO_3、HCl、$HClO_4$、氨水时，均应在通风橱中操作，绝不允许在实验室加热。

⑤使用乙醚、丙酮、苯、CCl_4、$CHCl_3$等有机溶剂时，一定要远离火焰和热源，使用后将瓶塞塞严，放阴凉处保存。低沸点的有机溶剂不能直接在火焰上或其他热源上加热，而应在水浴上加热。

⑥热、浓的 $HClO_4$遇有机物常易发生爆炸。如果试样为有机物时，应先用浓 HNO_3加热，使之与有机物发生反应，有机物被破坏后，再加入 $HClO_4$。蒸发的 $HClO_4$所产生的烟雾易在通风橱中凝聚，经常使用 $HClO_4$的通风橱应定期用水冲洗，以免 $HClO_4$的凝聚物与尘埃、有机物作用，引起燃烧或爆炸，造成事故。

⑦汞盐、砷化物、氰化物等剧毒物品，使用时应特别小心。氰化物不能接触酸，因作用时产生有剧毒的 HCN。氰化物废液应倒入碱性 $FeSO_4$溶液中，使其转化为亚铁氰化铁盐类，然后处理废液。严禁把氰化物废液直接倒入下水道或废液缸中。

⑧浓酸、浓碱具有强烈的腐蚀性，切勿溅在皮肤和衣服上。如不小心溅到皮肤上，应立即用水冲洗，然后用5% $NaHCO_3$溶液(酸腐蚀时采用)或5%硼酸溶液(碱腐蚀时采用)冲洗，最后再用清水冲洗。

⑨如发生烫伤，可在烫伤处抹上黄色的苦味酸溶液或烫伤软膏，严重者应立即送医院治疗。实验室如发生火灾时，应根据起火原因进行针对性灭火。酒精及其他可溶于水的液体着火时，可用水灭火；汽油、乙醚等不溶于水的有机溶剂着火时，用沙土扑灭，此时绝对不能用水，否则反而扩大燃烧面；导线或电器着火时，不能用水及二氧化碳灭火器，而应首先切断电源，用四氯化碳灭火器灭火。衣服着火时，切忌奔跑，而应就地躺下滚动，或用湿衣服在身上抽打灭火。情况紧急时应及时报警。

⑩一定要保持实验室内整洁、干净。要保持水槽清洁，禁止将固体物、玻璃碎片等扔在水槽内，以免造成下水道堵塞。此类物质以及废纸、废屑应放入废纸箱或实验室规定放的地方。废酸、废碱等应小心倒入废液缸，切勿倒入水槽内，以免腐蚀下水管道。

⑪水、电、酒精灯、煤气灯、电炉用完后应立即关闭。实验完毕后须洗净手。离开实验室时，应仔细检查是否已关好水、电、门、窗。

1.2 实验目的和要求

分析化学是一门实践性很强的学科。分析化学实验课是培养学生掌握分析化学基础理论知识和基本操作技能，养成认真、求实、严谨的科学态度，提高学生观察、分析和解决问题能力的重要环节。

1.2.1 实验前预习

为使实验能达到预期目的，实验前要做好充分的预习和准备工作，做到心中有数。因此，必须切实做到以下几点：

①认真阅读实验教材、参考数据等相关内容，复习与实验有关的理论。

②明确本次实验的目的、要求。

③了解实验内容、原理和方法。

④了解实验具体的操作步骤、仪器的使用及注意事项。

⑤查阅有关数据，获得实验所需有关常数。

⑥估计实验中可能发生的现象和预期结果，对于实验中可能会出现的问题，要明确防范措施和解决办法。

⑦写好简明扼要的预习报告。

1.2.2 实验过程中

实验时要严格按照规范操作进行，自觉遵守实验室规则。在每个实验过程中，都要认真、仔细地观察，积极地思考，并运用所学理论知识解释实验现象，研究实验中的一些问题。在进行每一步操作时，都要了解这一步操作的目的作用及应得的结果等，不能只是“照方配药”。要随时把必要的数据和现象如实、正确地记录在实验记录本上，实验记录本应标上页码，不得撕去任何一页。决不允许将数据记在单页纸上，或记在一张小纸片上。记录实验数据时，要有严谨的科学态度，要实事求是，切忌夹杂主观因素，决不能随意拼凑和伪造数据。

在实验过程中，应始终保持实验台和整个实验室的整洁、安静。公用试剂取用后应放回原处，以免耽误其他同学做实验。要爱护仪器，任何时候都要注意节约和安全。

1.2.3 实验结束后

对实验记录的数据和结果按实际情况及时进行整理、计算和分析，总结实验中的经验教训。如果实验失败，要认真分析原因，采用正确方法，再次重做，以达到实验预期的目的和要求。最后，要认真写好实验报告。

1.3　实验记录和实验报告

1.3.1　实验记录

要做好实验，除了安全、规范操作外，在实验过程中还要认真仔细地观察实验现象，对实验的全过程进行及时、全面、真实、准确的记录。实验记录一般要求如下：

①实验记录的内容包括：时间、地点、室温、气压、实验名称、同组人姓名、操作过程、实验现象、实验数据、异常现象等。

②应有专门的实验记录本，不得将实验数据随意记在单页纸上、小纸片上或其他任何地方。记录本应标明页数，不得随意撕去其中的任何一页。

③实验过程中的各种测量数据及有关现象的记录，应及时、准确、清楚。不要事后根据记忆追记，那样容易错记或漏记。在记录实验数据时，一定要持严谨的科学态度，实事求是，切忌带有主观因素，更不能为了追求得到某个结果，擅自更改数据。

④实验记录上的每一个数据，都是测量结果，因此在重复测量时，即使数据完全相同，也应记录下来。

⑤所记录数据的有效数字应体现出实验所用仪器和实验方法所能达到的精确度。

⑥实验记录切忌随意涂改，如发现数据测错、读错等，确需改正时，应先将错误记录用一斜线划去，再在其下方或右边写上修改后的内容。

⑦实验过程中涉及的仪器型号、标准溶液的浓度等，也应及时准确记录下来。

⑧记录应简明扼要、字迹清楚。实验数据最好采用表格形式记录。

1.3.2　有效数字及其运算规则

科学实验要获得可靠的结果，不仅要正确地选用实验方案和实验仪器，准确地进行测量，还必须正确记录和运算。实验所获得的数据不仅表示数量的大小，还反映了测量的准确程度。在实验数据的记录和结果的计算中，保留几位数字不是任意的，要根据测量仪器及分析方法的准确度来决定。这就涉及有效数字的概念。

(1) 有效数字

在科学实验中，对于任一物理量的测定，其准确度都是有一定限度的，读数时，一般都要在仪器最小刻度后再估读一位。例如，常用滴定管的最小刻度为 0.1 mL，读数应读到小数点后第二位。若读数在 21.4 ~ 21.5 mL 之间，实验者还可根据液面位置在 0.4 ~ 0.5 之间再估读一位，如读为 21.46 mL 等。读数 21.46 mL 中的前三位数字“21.4”是准确读取的，是可靠的、有效的，第四位数字“6”是估读的，不同的人估读的结果可能有所差别，不太准确，称为可疑数字。可疑数字虽不十分准确，但并不是凭空臆造的，它所表示的量是客观存在的，只不过受到仪器、量器刻度的准确程度的限制而不能对它准确认定，在估读时受到实验者主观因素的影响而略有差别，因而也是具有实际意义、有效的。因此，由若干位准确的数字和一位可疑数字（末位数字）所组成的测量值都是实验中实际能够测出的数字，都是有效的，称为有效数字。

有效数字不仅表示数量的大小，也反映了测量的准确度误差。例如用分析天平称取0.5000 g试样，数据中最后一位是可疑数字，表明试样的实际质量是在(0.5000 ± 0.0001) g范围的某一数值，测量的相对误差为(±0.0001/0.5000)×100% = ±0.02%。如用台秤称取试样0.5 g，则表明试样的实际质量是在(0.5 ±0.1) g范围内，测量的相对误差为(±0.1/0.5)×100% = ±20%，测量的准确度要比分析天平差得多。在根据仪器实际具有的准确度读数和记录实验结果的有效数字时，记录下准确数字后，一般再估读一位可疑数字就够了，多读或少读都是错误的。如将分析天平称取试样结果记作0.500 g，则意味着试样的实际质量是在(0.500 ±0.001) g范围的某一数值，测量的相对误差为(±0.001/0.500)×100% = ±0.2%，则将测量的准确度无形中降低了一个数量级，显然是错误的。如将结果记作0.500 00 g，则又夸大了仪器的准确度，也是不正确的。

数字“0”在有效数字中位置不同，意义不同。它有时是有效数字，有时不是有效数字。当“0”在有效数字中间或有小数的数字末位时均为有效数字，数字末位的“0”说明仪器的准确度。例如，滴定管读数为20.40 mL，两个“0”都是有效数字，这一数据的有效数字为四位，末位的“0”是可疑数字，它说明滴定管最小刻度为0.1 mL。末位的“0”不能省略，也不能多加，否则会降低或夸大所用仪器的准确度；当“0”在数字前表示小数点位数时只起定位作用，不是有效数字。如20.40 mL若改用L为单位时记为0.020 40 L，则前面的两个“0”只起定位作用，不是有效数字，有效数字位数仍为四位。另外还应注意，以“0”结尾的正整数，有效数字位数比较含糊，如2200有效数字的位数可能是四位，也可能是二位或三位，对于这种情况，应根据实际测定的准确度，以指数形式表示为2.2×10^3，2.20×10^3或2.200×10^3，则有效数字位数就明确了。

表示误差时，无论是绝对误差或相对误差，只取一位有效数字。记录数据时，有效数字的最后一位与误差的最后一位在位数上相对齐。如1.21 ±0.01是正确的，1.21 ± 0.001或1.2 ±0.01都是错误的。

（2）有效数字修约规则

在处理数据过程中，各测量值的有效数字位数可能不同，须根据各步的测量准确度及有效数字的计算规则，按照“四舍六入五成双”的规则对数字进行修约，合理保留有效数字的位数，舍弃多余数字。修约规则具体做法是：拟保留n位有效数字，第$n+1$位的数字≤4时舍弃；第$n+1$位的数字≥6时进位；第$n+1$位的数字为5且5后的数字不全为零时进位；第$n+1$位的数字为5且5后的数字全为零时，如进位后第n位数成为偶数（含0）则进位，奇数则舍弃。根据这一规则，将下列数据修约为三位有效数字时，结果应为：

待修约数据	修约后数据
1.2444	1.24

1.2461	1.25
1.2351	1.24
1.2350	1.24
1.2450	1.24

修约数字时，只允许对原测量值一次修约到所需的位数，不能分次修约。例如将2.5491修约为两位有效数字时，不能先修约为2.55，再修约为2.6，而应一次修约为2.5。

(3) *有效数字运算规则*

在有效数字运算过程中，应先按有效数字运算规则将各个数据进行修约，合理取舍，再计算结果。既不能无原则地保留多位有效数字使计算复杂化，也不应随意舍去尾数而使结果的准确度受到损失。

① 加减运算　几个数据相加或相减时，和或者差所保留的有效数字的位数，应以运算数据中小数点后位数最少(即绝对误差最大)的数据为依据。例如：

$$2.0113 + 31.25 + 0.357 = ?$$

三个数据分别有 ±0.0001、±0.01、±0.001 的绝对误差，其中31.25的绝对误差最大，它决定了和的绝对误差为 ±0.01，其他数对绝对误差不起决定作用，因此有效数字位数应以31.25为依据修约。先修约，后计算，可使计算简便。即：

$$2.0113 + 31.25 + 0.357 = 2.01 + 31.25 + 0.36 = 33.62$$

② 乘除运算　几个数据进行乘除运算时，积或商的有效数字的保留，应以运算数据中有效数字位数最少(即相对误差最大)的数据为依据，与小数点的位置或小数点后位数无关。例如：

$$0.0121 \times 25.64 \times 1.027 = ?$$

三个数的相对误差分别为：$(\pm 0.0001/0.0121) \times 100\% = \pm 0.8\%$、$(\pm 0.01/25.64) \times 100\% = \pm 0.04\%$、$(\pm 0.001/1.027) \times 100\% = \pm 0.1\%$，其中0.0121的相对误差最大，其有效数字位数为三位，应以它为依据将其他各数分别修约为三位有效数字后再相乘，最后结果的有效数字仍为三位。即：

$$0.0121 \times 25.64 \times 1.027 = 0.0121 \times 25.6 \times 1.03 = 0.139$$

此外，在乘除运算中，如果有效数字位数最少的数据的首位数字是8或9，则通常该数的有效数字位数可多算一位。例如：8.25、9.12等，均可视为4位有效数字。

③ 进行数值开方和乘方时，保留原来的有效数字的位数。

④ 运算过程中，对于像 π、e 以及手册上查到的常数等，可按需要取适当的位数。一些分数或系数等应视为在足够多的有效数字，不必考虑修约问题，可直接进行计算。

⑤ 对pH、pM等对数值，其有效数字位数仅取决于小数点后数字的位数，其整数部分只代表该数据的方次。例如：pH = 10.31，计算 H^+ 浓度时，应为 $[H^+] = 4.9 \times 10^{-11} mol \cdot L^{-1}$，有效数字的位数为2位，不是4位。

1.3.3 实验报告

实验报告是全面总结实验情况，归纳整理实验数据，分析实验过程中出现的问题，得出实验结果必不可少的环节，因此，实验结束后要根据实验记录写出翔实的实验报告。

实验报告的内容一般包括实验名称、目的、原理、试剂与仪器、实验内容(步骤)、实验数据记录及处理、实验结果与讨论。尤其要注意在数据的记录和运算过程中要严格按照有效数字的运算规则合理地保留实验结果的有效数字位数。

1.4 实验用水的基本知识

1.4.1 纯水

在分析化学实验中，根据分析任务及要求的不同，对水的纯度要求也不同。对于一般的分析工作，采用蒸馏水或去离子水，而对于超纯物质的分析，则要求纯度较高的“高纯水”。

实验用水的纯度，通常用水的电阻率或导电率来表示。根据水的纯度要求，纯水大致可分为以下几种：

①软化水　硬度降低到0.1~5度之间的水被称为软化水，其总含盐量不变。

②脱盐水　去除水中易于除去的强电解质或减少至一定程度时的水，即为脱盐水。它在25℃时的电阻率为0.1×10^6~1.0×10^6 Ω·cm。

③蒸馏水　蒸馏水中允许的杂质总量不高于1~5 mg·L^{-1}，无Cl^-，NH_4^+不高于0.03 mg·L^{-1}，CO_2不高于2.0 mg·L^{-1}；pH值为6.5~7.5。

④纯水　又称深度脱盐水。经二次或多次蒸馏以及用离子交换法制备的水即为纯水。这种水在25℃时的电阻率为1.0×10^6~10×10^6 Ω·cm。

⑤高纯水　又称超纯水。水中导电介质几乎完全除掉，水中不离解的胶体物质、气体以及有机物均降至最低程度。25℃时的电阻率为1.0×10^6~10×10^6 Ω·cm以上，用于超微量和超纯分析。高纯水应贮存在石英或聚乙烯塑料容器中。

⑥电导水　是实验室中用来测定溶液电导时所用的一种纯水。这种水除了含H^+和OH^-外不含其他物质，其电导率应为1×10^{-6} S·cm^{-1}。电导水应保存在有钠石灰吸收管的硬质玻璃内，时间不宜过久，一般在2周以内。

1.4.2 纯水的制备方法

(1)蒸馏法

目前使用的蒸馏器是用玻璃、铜、石英等材料制作的。蒸馏法能除去水中的非挥发性杂质(无机盐等)，但不能除去易溶于水的气体(如NH_3、HCl等)。同时由于蒸馏器的材料不同，蒸馏水所带的杂质含量也不相同，以石英蒸馏器的杂质含量为最低。对要求较高的实验，可进行2~3次蒸馏。

(2)离子交换法

利用离子交换树脂除去水中杂质离子制备得到纯水的一种方法。此法制得的纯水通常称为“去离子水”。其优点是：除去离子的能力强，制备的水量大、成本低。缺点是：不能除去非电解质(有机物等)杂质，且有微量树脂溶于水中。其电导率不能表示有机物的污染程度。

(3)电渗析法

电渗析法是在离子交换技术的基础上发展起来的一种净水方法。它是在外电场作用下，利用阴、阳离子交换膜对水中离子的选择性透过原理，将杂质离子从水中分离出来，从而达到净化水的目的。此法除去杂质的效率较低，适用于要求不是很高的分析工作。

1.4.3　纯水的检验

根据一般分析实验室的要求，纯水质量检验的主要项目如下：

(1)电阻率

在含有杂质离子的水中，带电荷的离子在电场的影响下具有导电作用。水的电阻率越高，表示水中的离子越少，水的纯度越高。使用电导仪进行测量，一般当电阻率$\geqslant 5\times 10^5 \Omega\cdot cm$时，即认为符合要求。

(2)pH值

由于空气中的CO_2可溶于水，故纯水的pH值常小于7.0，一般应为6.0左右。若pH值大于7.0时，一般是由于HCO_3^-含量较高所致。实验室常使用酸度计或精密pH试纸进行检验。也可以用指示剂法：取两支试管，各加水10 mL，一支试管中滴加0.2%甲基红2滴，应显黄色；另一试管中滴加0.1%溴百里酚蓝指示剂5滴，应显浅绿色。如此检验的pH值即为6左右，符合纯水的要求。

(3)阳离子的检验

取水25 mL，加pH = 10的NH_3-NH_4Cl缓冲溶液5 mL，加入0.2%铬黑T指示剂2滴，如呈现蓝色，说明Ca^{2+}、Mg^{2+}、Zn^{2+}、Fe^{3+}等阳离子的含量甚微，水质合格；如呈现紫红色，则说明水质不合格。

(4)氯离子

取10 mL被检验的水，用(1 + 3)硝酸(即1份体积浓HNO_3 + 3份体积去离子水)酸化，加1% $AgNO_3$溶液2滴，摇匀后，如不出现浑浊现象，说明此水质合格。

(5)硅酸盐

取30 mL水于一小烧杯中，加入(1 + 3)硝酸5 mL，5%钼酸铵试剂5 mL，室温下放置5 min后，加入10% Na_2SO_3 5 mL，观察是否出现蓝色，如呈现蓝色，则说明水质不合格。

1.5 化学试剂知识和“三废”处理

1.5.1 化学试剂的相关知识

化学试剂的种类很多，世界各国对化学试剂的分类和分级的标准不尽一致，各国都有自己的国家标准及其他认定标准（行业标准、学会标准等）。我国化学试剂产品有国家标准（GB）、化工部标准（HG）及企业标准（QB）三级。

（1）化学试剂的分类

化学试剂产品已有数千种，有分析试剂、仪器分析专用试剂、指示剂、有机合成试剂、生化试剂、电子工业或食品工业专用试剂、医用试剂等。随着科学技术和生产的发展，新的试剂种类还将不断产生，到目前为止，还没有统一的分类标准。通常将化学试剂分为标准试剂、一般试剂、高纯试剂、专用试剂四大类。

①标准试剂　是用于衡量其他（待测）物质化学量的标准物质。标准试剂的特点是主体含量高且准确可靠，其产品一般由大型试剂厂生产，并严格按国家标准检验。主要国产标准试剂的种类及用途列于表1-1中。

表1-1　主要国产标准试剂的种类与用途

类　别	主要用途
滴定分析第一基准试剂	工作基准试剂的定值
滴定分析工作基准试剂	滴定分析标准溶液的定值
杂质分析标准溶液	仪器及化学分析中作为微量杂质分析的标准
滴定分析标准溶液	滴定分析法测定物质的含量
一级pH基准试剂	pH基准试剂的定值和高精密度pH计的校准
pH基准试剂	pH计的校准（定位）
热值分析试剂	热值分析仪的标定
色谱分析标准	气相色谱法进行定性和定量分析的标准
临床分析标准溶液	临床化验
农药分析标准	农药分析
有机元素分析标准	有机物元素分析

②一般试剂　是实验室最普遍使用的试剂，根据国家标准（GB）及部颁标准，一般化学试剂分为4个等级及生化试剂，其规格及适用范围等见表1-2。指示剂也属于一般试剂。

表1-2　一般试剂的规格及适用范围

级　别	中文名称	英文符号	标签颜色	适用范围
一级	优级纯（保证试剂）	GR	绿色	精密的分析及科学研究工作
二级	分析纯（分析试剂）	AR	红色	一般的科学研究及定量分析工作

（续）

级　别	中文名称	英文符号	标签颜色	适用范围
三级	化学纯	CP	蓝色	一般定性分析及无机化学、有机化学实验
四级	实验试剂	LR	棕色或其他颜色	要求不高的普通实验
生化试剂	生化试剂 生物染色剂	BR	咖啡色 （染色剂：玫瑰色）	生物化学及医用化学实验

按规定，试剂瓶的标签上应标示试剂名称、化学式、摩尔质量、级别、技术规格、产品标准号、生产许可证号、生产批号、厂名等，危险品和有毒药品还应给出相应的标志。

③高纯试剂　特点是杂质含量低（比优级纯基准试剂低），主体含量一般与优级纯试剂相当，而且规定检测的杂质项目比同种优级纯或基准试剂多1～2倍，在标签上标有“特优”或“超优”字样。高纯试剂主要用于微量分析中试样的分解及试液的制备。

④专用试剂　指有特殊用途的试剂。如仪器分析中色谱分析标准试剂、气相色谱的载体及固定液、液相色谱填料、薄层色谱试剂、紫外及红外光谱纯试剂、核磁共振分析用试剂等。专用试剂与高纯试剂相似之处是主体含量较高。它与高纯试剂的区别是，在特定的用途中（如发射光谱分析）有干扰的杂质成分只需控制在不致产生明显干扰的限度以下。

（2）化学试剂的选用

各种级别的试剂因纯度不同价格相差很大，因此在选用化学试剂时，应根据所做实验的具体要求，如分析方法的灵敏度和选择性、分析对象的含量及对分析结果准确度的要求，合理地选用适当级别的试剂。在满足实验要求的前提下，应本着节约的原则，尽量选用低价位试剂。

（3）化学试剂的存放

在实验室中化学试剂的存放是一项十分重要的工作。一般化学试剂应贮存在通风良好、干净、干燥的库房内，要远离火源，并注意防止污染。实验室中盛放的原包装试剂或分装试剂，都应贴有商标或标签，盛装试剂的试剂瓶也都必须贴上标签，并写明试剂的名称、纯度、浓度、配制日期等，标签外应涂蜡或用透明胶带等保护，以防标签受腐蚀而脱落或破坏。同时，还应根据试剂的性质采用不同的存放方法。

①固体试剂一般应装在易于取用的广口瓶内；液体试剂或配制成的溶液则盛放在细口瓶中；一些用量小而使用频繁的试剂，如指示剂、定性分析试剂等盛装在小滴瓶中。

②遇光、热、空气等易分解或变质的药品及试剂，如硝酸、硝酸银、碘化钾、硫代硫酸钠、过氧化氢、高锰酸钾、亚铁盐和亚硝酸盐等，都应盛放在棕色瓶中，避光保存。

③容易侵蚀玻璃而影响试剂纯度的，如氢氟酸、含氟盐、氢氧化钠等应保存在塑料瓶中。吸水性强的试剂，如无水硫酸钠、氢氧化钠等应严格用蜡密封。

④碱性物质，如氢氧化钾、氢氧化钠、碳酸钠、碳酸钾和氢氧化钡等溶液，盛放的

瓶子要用橡皮塞，不能用玻璃磨口塞，以防瓶口被碱溶结。

⑤易燃液体应单独存放，注意阴凉避风，特别要注意远离火源。易燃液体主要是有机溶剂，实验室常见的一级易燃液体有：丙酮、乙醚、汽油、环氧丙烷、环氧乙烷；二级易燃液体有：甲醇、乙醇、吡啶、甲苯、二甲苯等；三级易燃液体有：柴油、煤油、松节油。

⑥易燃固体有机物（如硝化纤维、樟脑等）和无机物（如硫黄、红磷、镁粉和铝粉等），着火点都很低，遇火后易燃烧，要单独贮藏在通风干燥处。白磷为自燃品，放置在空气中，不经明火就能自行燃烧，应贮藏在水里，加盖存放于避光阴凉处。

⑦金属钾、钠、电石和锌粉等为遇水燃烧的物品，与水剧烈反应并放出可燃性气体，贮存时应与水隔离，如金属钾和钠应贮藏在煤油里。贮存这类易燃品（包括白磷）时，最好把带塞容器的2/3埋在盛有干沙的瓦罐中，瓦罐加盖贮于地窖中。要经常检查，随时添加贮存用的液体。

⑧易爆炸物（如三硝基甲苯、硝化纤维和苦味酸等）应单独存放，不能与其他类试剂一起贮藏。具有强氧化能力的含氧酸盐或过氧化物，当受热、撞击或混入还原性物质时，就可能引起爆炸。贮存这类物质，绝不能与还原性物质或可燃物放在一起，贮藏处应阴凉通风。强氧化剂分为3个等级：一级强氧化剂与有机物或水作用易引起爆炸，如氯酸钾、过氧化钠、高氯酸；二级强氧化剂遇热或日晒后能产生氧气支持燃烧或引起爆炸，如高锰酸钾、过氧化氢；三级强氧化剂遇高温或与酸作用时，能产生氧气支持燃烧和引起爆炸，如重铬酸钾、硝酸铅。

⑨强腐蚀性药品（如浓酸、浓碱、液溴、苯酚和甲酸等），应盛放在带塞的玻璃瓶中，瓶塞密闭。浓酸与浓碱不要放在高位架上，防止碰翻造成灼伤。如量大时，一般应放在靠墙的地面上。

⑩剧毒试剂（如氰化物、三氧化二砷或其他砷化物、氯化汞及其他汞盐等），应由专人负责保管，取用时严格做好记录，每次使用以后要登记验收。钡盐、铅盐、锑盐也属于毒品，要妥善贮藏。

（4）化学试剂的取用

取用试剂时，应先看清试剂的名称和规格是否符合，以免用错试剂。试剂瓶盖打开后，瓶盖应翻过来放在干净的地方，以免盖上时带入脏物，取出试剂后应及时盖上瓶盖，然后将试剂瓶的瓶签朝外放至原处。取用试剂要注意节约，用多少取多少，多取的试剂不应放回原试剂瓶内，以免沾污整瓶试剂，有回收价值的应放入回收瓶中。

①固体试剂的取用　固体试剂的取用一般使用药勺。药勺的两端为一大一小，取大量固体时用大端，取少量固体时用小端。使用的药勺必须干净，专勺专用，药勺用后应立即洗净。

要称取一定量固体试剂时，可将固体试剂放在干净的称量纸、表面皿、称量瓶内或其他干燥洁净的玻璃容器内，根据要求在不同精度的天平上称量。对腐蚀性或易潮解的固体，不能放在纸上，应放在称量瓶等玻璃容器内称量。

②液体试剂的取用　打开液体试剂瓶塞后，左手拿住盛接的容器，右手手心朝向标

签处握住试剂瓶(以免倾注液体时弄脏标签)，倒出所需量试剂。若盛接的容器是小口容器(如小量筒、滴定管)，要小心将容器倾斜，靠近试剂瓶，再缓缓倾入，倒完后，应将试剂瓶口在容器上靠一下，使瓶口的残留试剂沿容器内壁流入容器内，再使试剂瓶竖直，以免液滴沿试剂瓶外壁流下。若盛接的容器是大口，可使用玻璃棒，使棒的下端斜靠在容器壁上，将试剂瓶口靠在玻璃棒上，使注入的液体沿玻璃棒从容器壁流下，以免液体冲下溅出。

定量量取试剂时，可根据对准确度的要求分别选用量筒、移液管、吸量管等。用量筒量取液体时，应用左手持量筒，以大拇指指示所需体积的刻度处，右手持试剂瓶，瓶口紧靠量筒口的边缘，慢慢注入液体至所指刻度。读取刻度时，让量筒竖直，使视线与量筒内液面的弯月面最低处保持同一水平，偏高偏低都会造成误差。

1.5.2　“三废”处理

在化学实验中会产生各种有毒的废气、废液和废渣。化学实验室的“三废”种类十分繁多，如直接排放到空气或下水道中，会对环境造成极大污染，严重威胁人类的生存环境，损害人们的健康。如 SO_2、NO、Cl_2 等气体对人的呼吸道有强烈的刺激作用，对植物也有伤害作用；As、Pb 和 Hg 等化合物进入人体后，不易分解和排出，长期积累会引起胃痛、皮下出血、肾功能损伤等；氯仿、四氯化碳、多环芳烃等有致癌作用；CrO_3 接触皮肤破损处会引起溃烂不止等。此外，“三废”中的贵重和有用的成分不回收，在经济上也是不小损失。因此，必须加大实验室的“三废”处理力度，对实验过程中产生的“三废”进行必要的处理。

(1)常用的废气处理方法

①溶液吸收法　即用适当的液体吸收剂处理气体混合物，除去其中有害气体的方法。常用的液体吸收剂有水、碱性溶液、酸性溶液、氧化剂溶液和有机溶液，它们可用于净化含有 SO_2、NO_x($x=1$，2)、HF、SiF_4、HCl、Cl_2、NH_3、汞蒸气、酸雾、沥青烟和各种组分有机物蒸气的废气。如卤化氢、SO_2 等酸性气体，可用 Na_2CO_3、NaOH 等碱性水溶液吸收后排放。碱性气体用酸溶液吸收后排放。

②固体吸收法　是将废气与固体吸收剂接触，废气中的污染物(吸附质)吸附在固体表面从而被分离出来。此法主要用于净化废气中低浓度的污染物质，常用的吸附剂有活性炭、活性氧化铝、硅胶、分子筛等。

(2)常用的废水处理方法

①中和法　利用化学反应使酸性废水或碱性废水中和，达到中性的方法称为中和法。中和法应优先考虑“以废治废”的原则，尽量利用废酸和废碱进行中和，或者让酸性废水和碱性废水直接中和。对于酸含量小于4%的酸性废水或碱含量小于2%的碱性废水，常采用中和处理方法。无硫化物的酸性废水，可用浓度相当的碱性废水中和；含重金属离子较多的酸性废水，可通过加入碱性试剂(如 NaOH、Na_2CO_3)进行中和。

②萃取法　采用与水互不相溶但能良好溶解污染物的萃取剂，使其与废水充分混合，提取污染物，达到净化废水的目的。例如，含酚废水就可采用二甲苯作萃取剂。

③化学沉淀法　于废水中加入某种化学试剂，使之与废水中某些溶解性污染物发生化学反应，生成难溶性物质沉淀下来，然后进行分离，以降低废水中溶解性污染物的浓度。此法适用于除去废水中的重金属离子（如汞、镉、铜、铅、锌、镍、铬等）、碱土金属离子（钙、镁）及某些非金属（砷、氟、硫、硼等）。如氢氧化物沉淀法可用 NaOH 作沉淀剂处理含重金属离子的废水；硫化物沉淀法是用 Na_2S、H_2S、CaS_x或$(NH_4)_2S$等作沉淀剂除汞、砷；铬酸盐法是用 $BaCO_3$或 $BaCl_2$作沉淀剂除去废水中的 CrO_3等。

④氧化还原法　水中溶解的有害无机物或有机物，可通过化学反应将其氧化或还原，转化成无害的新物质或易从水中分离除去的形态。常用的氧化剂主要是漂白粉，用于含氮废水、含硫废水、含酚废水及含氨态氮废水的处理。常用的还原剂有 $FeSO_4$或 Na_2SO_3，用于还原六价铬；还有活泼金属（如铁屑、铜屑、锌粒等），用于除去废水中的汞。

⑤离子交换法　利用离子交换剂对物质选择性交换的能力，去除废水中的杂质和有害物质。

⑥吸附法　利用多孔固体吸附剂，废水中的污染物可通过固－液相界面上的物质传递，转移到固体吸附剂上，从废水中分离除去。废水处理常用吸附剂有活性炭、磺化煤、沸石等。

(3) 常用的废渣处理方法

废渣主要采用掩埋法。有毒的废渣应深埋在指定地点，如有毒的废渣能溶解于地下水，必须先进行化学处理后深埋在远离居民区的指定地点，以免毒物溶于地下水而混入饮水中。无毒废渣可直接掩埋，掩埋地点应有记录。有回收价值的废渣应该回收利用。

1.6　玻璃仪器及洗涤

1.6.1　玻璃仪器的洗涤

实验所用玻璃仪器必须洗涤干净。使用不洁净的仪器，会由于污物和杂质的存在而影响实验结果，因此必须注意仪器的清洁。

玻璃仪器的洗涤方法很多，应根据实验的要求、污物的性质和沾污的程度，以及仪器的类型来选择合适的洗涤方法。

(1) 一般洗涤

基本无沾污并常用的玻璃仪器，先用自来水冲洗其内壁，然后用洗瓶（内装去离子水或蒸馏水）少量冲洗内壁 2～3 次，以除去残留的自来水。

(2) 洗液洗涤

常用的洗液有以下几种：

①铬酸洗液　称取 25 g 化学纯重铬酸钾置于烧杯中，加 50 mL 蒸馏水，加热并搅拌使之溶解，在搅拌下缓缓沿烧杯内壁加入 45 mL 浓硫酸，冷却后贮存在玻璃试剂瓶中备用。

铬酸洗液呈暗红色，具有强氧化性和强腐蚀性，适于洗去无机物和某些有机物。仪器加洗液前尽量把残留的水倒净，以免稀释洗液。向仪器中加入少许洗液，倾斜仪器使内壁全部润湿。用毕的铬酸洗液倒回原瓶，可反复多次使用，当颜色变为绿色(Cr^{3+}颜色)时，就失去了去污能力，不能再继续使用。仪器用洗液洗过后再用自来水冲洗，最后用蒸馏水淋洗。

②盐酸-乙醇洗涤液　由化学纯盐酸与乙醇按1:2的体积混合。光度分析所用的吸收池、比色管等被有色溶液或有机试剂染色后，用盐酸-乙醇洗涤液浸泡后，再用自来水及去离子水洗净。

③氢氧化钠-高锰酸钾洗涤液　取4 g高锰酸钾溶解于水中，加入100 mL 10%氢氧化钠溶液即可。可洗去油污及有机物。洗后器壁上留下的氧化锰沉淀可用盐酸洗涤，最后依次用自来水、蒸馏水淋洗。仪器洗净的标准是其内壁应能被水均匀润湿而不挂水珠。

1.6.2　仪器的干燥

洗净的仪器需要干燥可采用以下方法：

(1)晾干

对于不急用的仪器，洗净后倒置于干净的实验柜内或干燥架上自然晾干。

(2)吹干

将洗净的仪器擦干外壁，倒置控去残留水后用电吹风机将仪器内壁吹干。

(3)烘干

将洗净的仪器尽量倒干水，口朝下放在烘箱中，并在烘箱下层放一搪瓷盘，防止仪器上滴下的水珠落入电热丝中，烧坏电热丝。温度控制105℃左右，时间约30 min即可。

(4)烤干

能加热的仪器(如烧杯、蒸发皿等)可直接放在石棉网上，用小火烤干。试管可用试管夹夹住后，在火焰上来回移动直接烤干，但必须使管口低于管底。

(5)有机溶剂干燥

在洗净的仪器内加入易挥发的有机溶剂(常用乙醇和丙醇)，转动仪器，使仪器内的水分和有机溶剂混溶，倒出混合液(回收)，仪器内少量残留混合物很快挥发而干燥。如用电吹风往仪器中吹风，则干得更快。

带有刻度的计量仪器，不能用加热的方法进行干燥，因为加热会影响仪器的精度。

1.7　实验性污染的防治

1.7.1　重金属污染的防治

防治重金属污染目前主要从两方面入手：一是控制污染源，尽量减少重金属污染物的排放。这方面世界各国正在开展的工作主要是改进工艺，尽量避免或减少重金属的使用，进而从根本上解决污染物的排放。如为了防止传统氯碱工业所引起的汞污染，科技人员研究出了隔膜制碱法，比较彻底地解决了汞的污染问题。二是对污染地区进行治理，以消除污染和限制其危害。不同污染物其治理方法不同，目前，解决重金属污染最理想的方法是采用生物技术，使其固定或定位在非食物链部分。

1.7.2 有机溶剂的回收

实验室常用的溶剂有氯仿、四氯化碳、石油醚、乙醚、异丙醚，乙酸乙酯、苯、二甲苯、甲醇、异戊醇等。这些溶剂使用后应分类收集，集中回收，这样既可使废物得到利用，又可避免造成环境污染。

1.7.3 有机混合物的处理

对有机物含量较高的废弃物，焚烧是防止污染最常用的处理办法。而对有机污染物与水的混合体系，最好通过微生物作用使有机物降解。

1.7.4 有机、无机混合污染体系的处理

对有机、无机混合污染体系，可以直接采用严密的化学处理后进行填埋，也可先通过微生物将有机污染物分解，然后再进行填埋。

总之，无论采用物理法、化学法还是微生物法，处理后的污泥最好再作附加处理。特别是对无机毒物含量较高的污泥，可先采用固化的办法使其成为稳定的固体，不再渗漏和扩散，然后再进行土地填埋。这一系列作法是目前较为常用的化学污染物的处理办法。

第2章　常用分析仪器及其操作技术

2.1　简单玻璃工操作及玻璃仪器的洗涤与干燥

2.1.1　简单玻璃工操作

在实验化学中，经常使用玻璃管(棒)、滴管、弯管及毛细管。它们是通过对玻璃管(棒)的加工而制作的，因而应熟悉一些玻璃工操作的基本实验技能。

(1)玻璃管(棒)的切割

将干净、粗细合适的玻璃管(棒)平放在桌面上，一手按所需长度捏紧玻璃管，一手持锉刀，用锋利的边沿压在欲截处用力一拉(或推)，锉一细痕(只能按单一方向拉动或推动)，如图2-1所示。然后将锉痕处用水沾湿，两手握住玻璃管锉痕的两侧，锉痕向外，两拇指抵住锉痕背面两侧，轻轻向前推，同时向两边拉，玻璃管即会平整地断开，如图2-2所示。为了安全，折断玻璃管(棒)时，手上可垫块布。

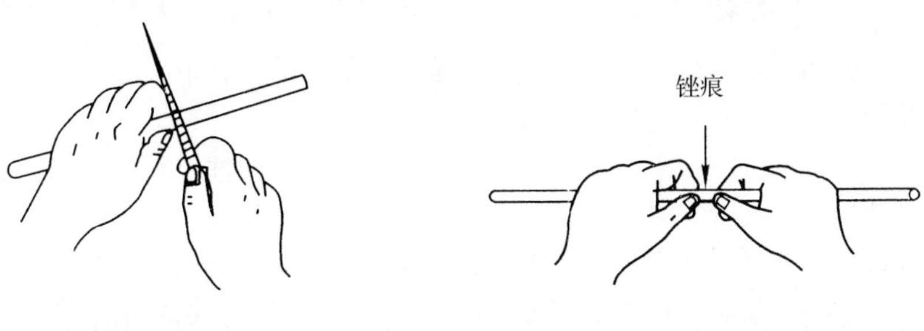

图2-1　锉　痕　　　　图2-2　折　断

对较粗玻璃管进行截断时，可利用玻璃管骤热或骤冷易裂的性质使其断裂。将一根末端拉细的玻璃管在灯焰上加热至白炽，使其成熔球，立即压触到用水滴湿的粗玻璃的锉痕处，则骤热而断裂。亦可在粗玻璃管的锉痕处，紧绕一根电阻丝，用导线与调压器和电源连接电阻丝，通电使电阻丝呈亮红色后，立即切断电源，于锉痕处滴水，则骤冷而断裂。

为了使玻璃管截断面平滑，在截断面上稍涂点水，用锉刀面轻轻将其锉平，或将断口放在火焰上，一边加热，一边来回转动，当断口处发红停止加热，即可变得光滑。

(2)玻璃管(棒)的弯曲

将玻璃管横放在火焰中，先用小火预热，并缓慢旋转玻璃管。当玻璃管加热变软时，离开火焰，轻轻顺势弯曲，弯曲的角度要小。然后加热部位稍稍向左或向右偏移，再弯成几度角。反复几次加热弯曲，直到变成所需的角度，最后放在石棉网上冷却。弯好的玻璃管角度符合要求，角的两边应在同一平面上。

(3)滴管的拉制

选取适当的干净玻璃管，两手持玻璃管的两端，将中部放在喷灯火焰上，先小火后大火加热，同时向同一个方向转动管使其受热均匀，在管稍微变软时，两手轻轻向里挤，以加厚烧软处的管壁。当烧至暗红时，离开火焰，两手同时向两边拉伸至所需细度。拉长之后，立刻松开一只手，另一只手将玻璃管垂直提着并冷却定型。拉制的细管与原管应处在同一水平面上。待冷却后，从拉细部分中间截断，分别将尖嘴在弱火焰中烧圆，将玻璃管口烧熔，在石棉网上垂直下压，使其变大，最后在石棉网上冷却后套上乳胶帽，即得两支滴管。

(4)毛细管的拉制

选取直径约 1 cm，壁厚约 1 mm 的干净玻璃管，两手持玻璃管横放在火焰上，先由小火到大火加热，同时做同向转动使其受热均匀，当烧至发黄变软时，即离开火焰，两手以同向同速转动，同时向两边水平拉伸，开始时稍慢，然后较快地拉长，直到拉成直径约 1 mm 的毛细管。冷却后，用小瓷片的锐棱把直径合格的部分截成所需长度的两倍，两端用小火封闭，以免灰尘和湿气的进入。使用时，从中间截断，即得两根测定熔点或沸点用的毛细管。

2.1.2 玻璃仪器的洗涤与干燥

(1)玻璃仪器的洗涤

实验所用玻璃仪器必须洗涤干净。使用不洁净的仪器，会由于污物和杂质的存在而影响实验结果，因此必须注意仪器的清洁。

玻璃仪器的洗涤方法很多，应根据实验的要求、污物的性质和沾污的程度，以及仪器的类型来选择合适的洗涤方法。

①一般洗涤　如试剂瓶、烧杯、锥形瓶、漏斗等仪器，先用自来水洗刷仪器上的灰尘和易溶物，污染严重时，可用毛刷蘸去污粉或洗涤液刷洗，然后用自来水冲洗，最后用洗瓶(内装去离子水或蒸馏水)少量冲洗内壁 2 ~ 3 次，以除去残留的自来水。

滴定管、容量瓶、移液管等量器，不宜用毛刷蘸洗涤液刷洗内壁，常用洗液洗涤。

②洗液洗涤

• 铬酸洗液：称取 25 g 化学纯重铬酸钾置于烧杯中，加 50 mL 水，加热并搅拌使之溶解，在搅拌下缓缓沿烧杯壁加入 45 mL 浓硫酸，冷却后贮存在玻璃试剂瓶中备用。

铬酸洗液呈暗红色，具有强氧化性和强腐蚀性，适于洗去无机物和某些有机物。仪器加洗液前尽量把残留的水倒净，以免稀释洗液。向仪器中加入少许洗液，倾斜仪器使内壁全部润湿。用毕的铬酸洗液倒回原瓶，可反复多次使用后，当颜色变为绿色(Cr^{3+}颜色)时，就失去了去污能力，不能再继续使用。仪器用洗液洗过后再用自来水冲洗，最后用蒸馏水淋洗。

• 盐酸－乙醇洗涤液：由化学纯盐酸与乙醇按 1:2 的体积混合。光度分析用的吸收池、比色管等被有色溶液或有机试剂染色后，用盐酸－乙醇洗涤液浸泡后，再用自来水及去离子水洗净。

• 氢氧化钠－高锰酸钾洗涤液：取4 g高锰酸钾溶解于水中，加入100 mL 10%氢氧化钠溶液即可。可洗去油污及有机物。洗后器壁上留下的氧化锰沉淀可用盐酸洗涤，最后依次用自来水、蒸馏水淋洗。洗净的仪器其内壁应能被水均匀润湿而不挂水珠。在定性、定量实验中，对仪器的洗涤程度要求较高。

(2)仪器的干燥

洗净的仪器干燥可采用以下方法：

①晾干　对于不急用的仪器，洗净后倒置于干净的实验柜内或干燥架自然晾干。

②吹干　将洗净的仪器擦干外壁，倒置控去残留水后用电吹风机将仪器内壁吹干。

③烘干　将洗净的仪器尽量倒干水，口朝下放在烘箱中，并在烘箱下层放一搪瓷盘，防止仪器上滴下的水珠落入电热丝中，烧坏电热丝。温度控制105℃左右约30 min即可。

④烤干　能加热的仪器如烧杯、蒸发皿等可直接放在石棉网上，用小火烤干。试管可用试管夹夹住后，在火焰上来回移动直接烤干，但必须使管口低于管底。

⑤用有机溶剂干燥　在洗净的仪器内加入易挥发的有机溶剂(常用乙醇和丙醇)，转动仪器，使仪器内的水分和有机溶剂混溶，倒出混合液(回收)，仪器内少量残留混合物很快挥发而干燥。如用电吹风往仪器中吹风，则干得更快。

带有刻度的计量仪器，不能用加热的方法进行干燥，因为加热会影响仪器的精度 。

2.2　玻璃量器的校正

移液管、容量瓶和滴定管是滴定分析用的主要仪器。量器的实际容量与它标示的往往不完全相符。此外，通常的量器校正以20℃为标准，若使用时温度发生改变，量器的容积及溶液的体积也将发生改变，因此在精密分析时需进行仪器的校正。量器校正时，视具体情况可采用相对校正和称量校正。

(1)相对校正

在实际工作中，容量瓶和移液管常是配合使用的，用容量瓶配制溶液，用移液管取出其中一部分进行测定。此时重要的是二者的容量是否为准确的整数倍数关系。如用25 mL移液管从250 mL容量瓶中取出一份试液是否为1/10，这就需要对这两件量器进行相对校正。方法是：用25 mL移液管吸取纯水10次至一个洁净并干燥的250 mL容量瓶中，观察溶液的弯月面是否与标线正好相切，否则，应另作一标记。此法简单，在实际工作中使用较多，但必须在这两件仪器配套使用时才有意义。

(2)称量校正

校正滴定管、容量瓶、移液管的实际容积常采用称量校正法。方法是：称量被校正量器中容纳或放出纯水的质量，再根据该温度下纯水的密度计算出该量器在20℃时的实际容积。由质量换算容积时必须考虑以下因素：①水的密度；②玻璃容器的胀缩随温度而改变；③空气浮力对质量的影响等。考虑上述因素，将20℃容量为1 mL的玻璃容器在不同温度时所盛水的质量列于表2-1中。根据表2-1中的数据即可算出某一温度(t)时，一定质量(m)的纯水在20℃时所占的实际容积 V($V=m/\rho$)。

例如，校正移液管时，在15℃称量得纯水质量为24.94 g，查表得15℃时，ρ 为0.997 92 g·cm^{-3}，由此计算可得移液管在20℃时实际体积为24.99 mL。

表2-1 在不同温度下纯水的密度 ρ

t/℃	ρ/(g·cm^{-3})	t/℃	ρ/(g·cm^{-3})	t/℃	ρ/(g·cm^{-3})
5	0.998 53	14	0.998 04	23	0.996 55
6	0.998 53	15	0.997 92	24	0.996 34
7	0.998 52	16	0.997 78	25	0.996 12
8	0.998 49	17	0.997 64	26	0.995 88
9	0.998 45	18	0.997 49	27	0.995 66
10	0.998 39	19	0.997 33	28	0.995 39
11	0.998 33	20	0.997 15	29	0.995 12
12	0.998 24	21	0.996 95	30	0.994 85
13	0.998 15	22	0.996 76		

2.3 天平的使用方法及称量

2.3.1 天平的使用方法

实验化学中对称量质量准确度的要求不同，需要选用不同类型的天平。常用的天平有托盘天平(台秤)和分析天平等。

(1)托盘天平

托盘天平的构造如图2-3，一般能称准至0.1~0.5 g。它用于粗称或准确度要求不高的称量。使用方法如下：

①调零　称量前应检查指针是否在刻度盘上正中间位置，此处为零点。如不在零点，可调节平衡螺丝。

②称量　将被称物放在左盘，选择质量合适的砝码放在右盘，再用游码调节至指针正好停在刻度盘中间位置，此时指针所停的位置为停点，停点与零点偏差不应超过1小格。读取砝码加游码的质量，即为被称物的质量。

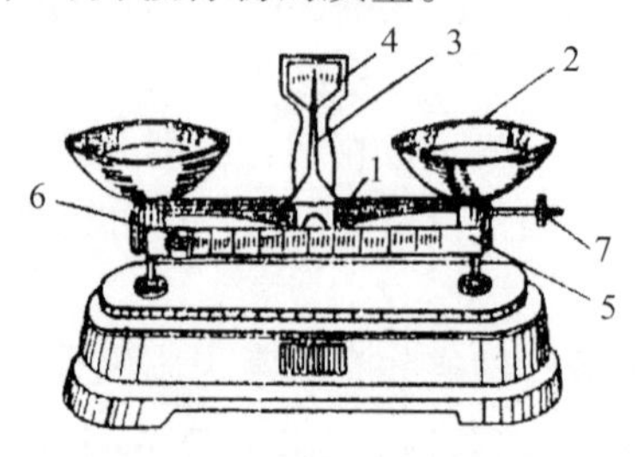

图2-3 托盘天平

1. 横梁 2. 托盘 3. 指针 4. 刻度牌 5. 游码标尺 6. 游码 7. 平衡调节螺丝

称量物不能直接放在托盘上，应根据不同情况放在称量纸、表面皿或烧杯中。称量完毕应将游码移到零刻度，砝码应放回盒内。

(2)分析天平

分析天平是进行精确称量的精密仪器，常用的有电光分析天平和电子分析天平等。

常用的电光分析天平能称准至0.1 mg，最大载重质量为200 g。根据加码方式的不同分为半机械加码(半自动)电光天平和全机械加码(全自动)电光天平(图2-4)。

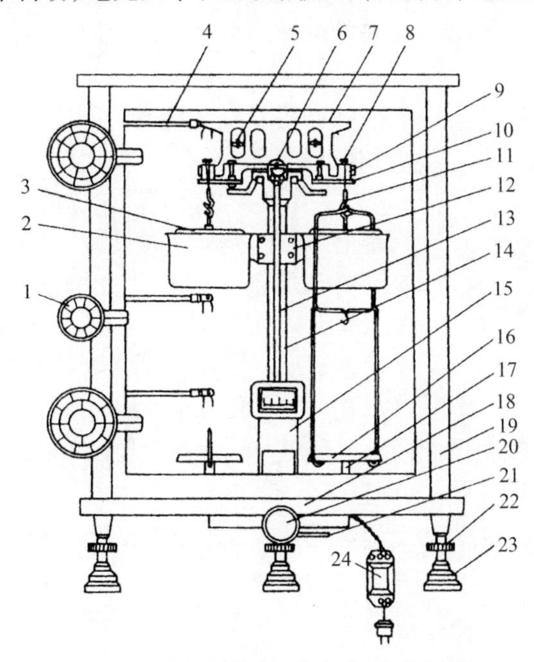

图2-4　全机械加码(全自动)电光天平

1. 指数盘　2. 阻尼器外筒　3. 阻尼器内筒　4. 加码杆　5. 平衡螺丝　6. 中刀　7. 横梁　8. 吊耳　9. 边刀盒　10. 翼托　11. 挂钩　12. 阻尼架　13. 指针　14. 立柱　15. 投影屏座　16. 秤盘　17. 盘托　18. 底座　19. 框罩　20. 开关旋钮　21. 调零杆　22. 调水平底脚　23. 脚垫　24. 变压器

①天平横梁　横梁是天平的主要部件。梁上有三把三棱形的玛瑙刀，其中一把装在横梁中央，刀刃朝下，是天平的支点，又称中刀或支点刀，两端的玛瑙刀刀刃向上，称为边刀或承重刀。三把刀的刀刃应平行，并处于一个水平面上。梁的两端装有零点调节螺丝，用来调整横梁的平衡位置(即零点)。支点刀后上方装有重心螺丝，用来调整天平的灵敏度。梁的正中装有一指针并下垂，指针下端为透明的微分标尺，经光学系统放大后成像于投影屏上，从投影屏上可以读出0.1～10 mg以内的数值(图2-5)。每一大格代表1 mg，每一小格代表0.1 mg。

图2-5　投影屏上标尺的读数

②升降枢　控制天平工作状态和休止状态的旋钮，也是天平的电源开关。开启升降枢(顺时针方向)即接通电源，屏上显示标尺的投影，同时托梁架及盘托等下降，梁上

的三把刀刃与相应的玛瑙平板接触，从而使天平进入工作状态。关上升降枢即切断电源，则托梁及称盘被托住，刀刃与玛瑙平板离开，天平进入休止状态。为了保护刀刃，一定要将天平关闭，才可以加减砝码和取放物体。当天平不用时，必须将天平关闭。

③悬挂系统　在横梁两端的边刀上各悬挂一个吊耳，吊耳的上钩挂着称盘，下钩挂着空气阻尼器内筒。阻尼器内筒是套入固定在支柱上的外筒中，比外筒略小，两筒间隙均匀，无摩擦。开启天平后，内筒能自由上下移动，由于盒内空气阻力，天平很快达到平衡。挂在吊耳上的两个称盘，半自动电光天平左盘放被称物，全自动电光天平右盘放被称物。

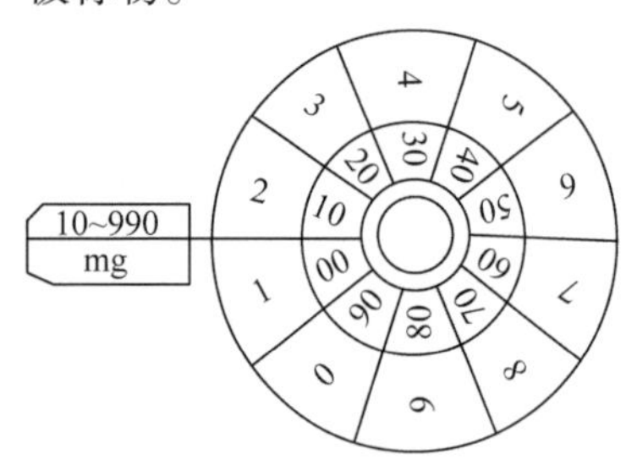

图 2-6　指数盘

④砝码及加码装置　半自动电光天平都配有一盒专用砝码。盒内装有 100，50，20，20，10，5，2，2，1 g 三个等级共 9 个砝码。标值相同的砝码其实际质量可能有微小的差异，并做有“＊”标记以示区别。取用砝码必须用镊子夹取，用毕放回砝码盒内。半自动电光天平只有一组 10～990 mg 环码指数盘，TG-328B 型天平环码的顺序从前到后依次为 100，100，200，500，10，10，20，50 mg，安装在天平梁的右侧刀上方，通过转动指数盘(图 2-6)带动操作杆加减环码。转动外盘控制 100～900 mg，转动内盘控制 10～90 mg 环码的加减。

全机械加码电光天平的砝码全部通过指数盘加减，位于天平的左边，有三组加码指数盘，分别与三组悬挂的砝码相连，三组砝码的质量分别为 10～190 g，1～9 g 和 10～990 mg。其中 10～990 mg 加码指数盘转动内圈可控制 100～900 mg 砝码，转动外圈可控制 10～90 mg 砝码的加减。

⑤外框　天平安装在一个玻璃框内，使天平防尘、防潮并在稳定气流中称量。天平前门为维修和调整时使用，称量时不可打开，左右门为取放被称物或砝码时使用。框下为大理石底座，下面有三个水平调节螺旋脚，前面两个可以上下调节，通过观察天平内的水平泡，调节至水平状态。

(3)性能及其测定

①零点　是天平空载时的平衡点。缓慢转动升降钮，开启天平，观察平衡点是否与标尺上的零点重合。如不重合，可拨动调零杆来调整，使两者重合。如零点偏离较大，可小心调节天平梁上的平衡螺丝(每次调整时先关闭天平)，直到开启天平后，平衡点在标尺的零刻度附近，再用调零杆细调零点。

②灵敏度　是 1 mg 砝码引起指针偏转的格数，用“格/mg”表示。在天平上加 10 mg 砝码，开启天平，若投影屏上标尺读数在(10 ± 1) mg(100 ± 1 格)范围内，即分度值为 ±0. 1 mg/格。若标尺读数超出 9. 8～10. 2 mg 范围，则应上下调节重心螺丝，增大或减小灵敏度。

③准确性　是指天平的不等臂性。调好零点后，在两秤盘上放置质量相等的砝码(20 g)，开启天平，此时读数为 m_1，再将两砝码对换位置，开启天平，此时的读数为

m_2，则不等臂误差为 $|m_1+m_2|/2$，一般误差不大于0.4 mg。

④变动性　是指多次(3~5次)开启天平，其平衡位置的最大值与最小值之差。一般要求在0.1~0.2 mg范围。

(4)电光天平的使用方法

电光天平是精密仪器，操作时要认真仔细，熟悉使用方法。

①称量前的检查　检查天平是否水平，砝码是否齐全，环码有无脱落，指数盘是否在“000”位置，吊耳是否错位，秤盘是否洁净等。

②调节零点　见“(3)性能及其测定”。

③称量　对半自动电光天平，将称量物放在左秤盘中央，关闭左门，根据在台秤上预称物体的质量，将所需的砝码放入右盘中央，缓缓地微微开启天平，同时观察投影屏上标尺移动方向(标尺往哪边移动，哪边就重)，判断所加砝码是否合适以便调整。当调整到两边相差的质量小于1 g时，应关好右门，再依次调整百毫克组和十毫克组环码。为减小环码加减次数，每次从中间值(500 mg或50 mg)开始加减环码。调至环码10 mg位后，完全开启天平，平衡后，投影屏上标线与标尺上某一读数重合，读取称量物的质量为克组砝码质量、环码质量及投影屏上指示质量之和。

使用全自动电光天平，称量物则放在右盘中央，关闭右门，按半自动电光天平称量步骤操作。

④复原　称毕，关闭天平，取出被称物，关上侧门，将指数盘均恢复为零，盖上防尘罩。

目前，对于药品的称量主要采用相对操作简便的电子分析天平，电子分析天平的相关知识见2.2.3。

2.3.2　称量方法

(1)直接称量法

对于一些性质稳定、不污染天平的称量物，如金属、表面皿、坩埚等，称量时，直接将其放在天平盘上称其质量。对一些在空气中无吸湿性的试样或试剂，可放在洁净干燥的小表面皿或小烧杯内，一次称取一定质量的试样。

(2)固定质量称量法

对于一些在空气中性质稳定而又要求称量某一固定质量的试样，通常采用此法称量。首先称出洁净干燥的容器(如小表面皿或小烧杯等)的质量，然后加入固定质量的砝码，再用角匙将略少于指定质量的试样加入容器里，待天平接近平衡时，轻轻振动角匙，让试样徐徐落入容器中，直到天平平衡，即可得到所需固定质量的试样。

(3)差减称量法

称取试样的质量只要求在一定的质量范围内，可采用差减称量法。此法适用于连续称取多份易吸水、易氧化或易与二氧化碳反应的物质。将适量试样装入洁净干燥的称量瓶中，先在分析天平上用直接称量法准确称量得其质量为 m_1。一手用洁净的纸条套住称量瓶取出，举在要放试样的容器(烧杯或锥形瓶)上方，另一手用小纸片夹住瓶盖，打开瓶盖，将称量瓶一边慢慢地向下倾斜，一边用瓶盖轻轻敲击瓶口上方，使试样通过震动慢慢滑落入容器内(图 2-7)。当倾出的试样估计接近所要求的质量时，慢慢将称量瓶竖起，同时轻敲瓶口上部，使黏附在瓶口试样落回瓶中并盖好瓶盖，再将称量瓶放回天平上称量，此时称得的准确质量为 m_2，两次质量之差(m_1-m_2)即为所称试样的质量。按上述方法可连续称取几份试样。

图 2-7　试样敲击的方法

2.3.3　电子天平

电子天平是较为先进的分析天平，可以精确地称量到 0.1 mg，使用简便，称量迅速。电子天平型号很多，有顶部承载式(吊挂单盘)和底部承载式(上皿式)两种结构。从天平的校准方法来分，有内校式和外校式两种。前者是标准砝码预装在天平内，启动校准键后，可自动加码进行校准；后者需人工将配套的标准砝码放到称盘上进行校准。例如 FA/JA 系列电子天平，其外形如图 2-8 所示。

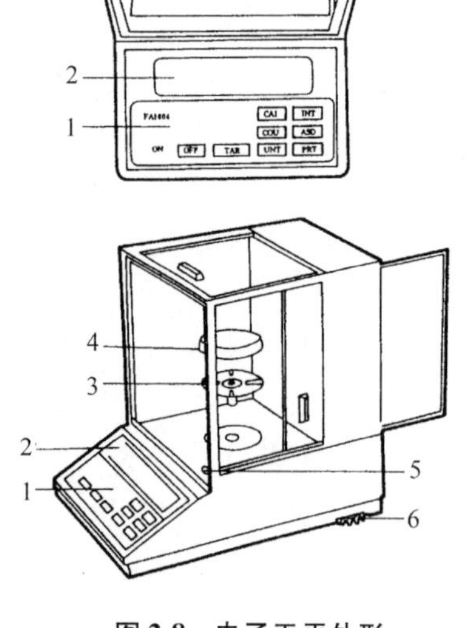

图 2-8　电子天平外形

1. 键盘(控制板)　2. 显示器　3. 盘托　4. 称盘　5. 水平仪　6. 水平调节脚

电子天平使用的一般步骤是：

①调平　查看水平仪是否水平，如不水平，通过水平调节脚调至水平。

②校准　通电预热一定时间(按说明书规定)，轻按 ON 键，等出现 0.0000 g 称量模式后方可称量。显示稳定后如不为零则按一下 TAR 键，稳定显示 0.0000 g，用自带的标准砝码进行校准，校准完毕，取下标准砝码，应显示 0.0000 g。若不显示零，可按一下 TAR 键，再重复校准操作。

③直接称量或固定质量称量　例如用小烧杯称取试样时，将洁净干燥的小烧杯放在称盘中央，关闭侧门，显示数字稳定后，按 TAR 键，显示即恢复为零，开启侧门，缓缓加试样至显示出所需样品的质量时，关闭侧门，显示数字稳定后，直接记录所称试样的质量。

对于差减称量，将适量试样装入洁净干燥的称量瓶中放入称盘中央，关闭侧门，显示数字稳定后，记录其质量，按上述差减称量法可连续称取几份试样。

2.4　标准溶液的配制与标定

标准溶液是已确定准确浓度或其他特性量值的溶液。实验化学中常用的标准溶液有滴定分析用标准溶液、仪器分析用标准溶液和 pH 值测量用标准缓冲溶液等。

2.4.1　滴定分析用标准溶液

滴定分析标准溶液是已知准确浓度并用于滴定被测物质的溶液，其浓度一般要求准确到4位有效数字。标准溶液的配制方法有直接法和标定法。

(1)直接法

准确称取一定量基准物质或纯度相当的其他物质，溶解后在容量瓶中配制所需浓度的溶液。例如，称取0.5300 g基准Na_2CO_3，用水溶解后，置于500 mL容量瓶中，加水稀释至刻度，摇匀，即得$c(Na_2CO_3)=0.010\ 00\ mol \cdot L^{-1}$ Na_2CO_3标准溶液。

能直接配制或标定标准溶液的物质称为基准物质。基准物质应具备下列条件：

①试剂的纯度在99.9%以上，且含杂应不影响分析。

②实际组成与化学式完全相符。

③性质稳定，不易吸收空气中的水分，不易与空气中的氧气及二氧化碳反应。

④最好有较大的摩尔质量，以减小称量误差。

配制时，将所需基准物质按规定预先进行干燥，并选用符合实验要求的纯水配制，纯水一般不低于三级水的规格。几种常用基准物质的干燥条件和应用见表2-2。

表2-2　常用的基准物质

名　称	化学式	干燥条件/℃	标定对象
硼砂	$Na_2B_4O_7 \cdot 10H_2O$	放在装有NaCl和蔗糖饱和溶液的恒湿器中	HCl、H_2SO_4
邻苯二甲酸氢钾	$KHC_8H_4O_4$	110～120	NaOH、$HClO_4$
氯化钠	NaCl	500～600	$AgNO_3$
草酸钠	$Na_2C_2O_4$	130	$KMnO_4$
无水碳酸钠	Na_2CO_3	270～300	HCl、H_2SO_4
三氧化二砷	As_2O_3	室温干燥器中干燥	I_2
溴酸钾	$KBrO_3$	130	$Na_2S_2O_3$
碘酸钾	KIO_3	130	$Na_2S_2O_3$
重铬酸钾	$K_2Cr_2O_7$	140～150	$Na_2S_2O_3$、$FeSO_4$
氧化锌	ZnO	900～1000	EDTA
碳酸钙	$CaCO_3$	110	EDTA
锌	Zn	室温干燥器中干燥	EDTA
硝酸银	$AgNO_3$	H_2SO_4干燥器中干燥	氯化物

有很多配制标准溶液的试剂不符合基准物质的条件。如浓HCl易挥发，NaOH易吸收空气中的CO_2和水分，$KMnO_4$不易提纯且易分解等，因此这些物质都不能直接配制标准溶液，这时可采用标定法。

(2)标定法

选用分析纯试剂配制近似于所需浓度的溶液，然后再用基准物质(或已知准确浓度的标准溶液)来标定其准确浓度。

2.4.2 仪器分析用标准溶液

仪器分析所用标准溶液种类较多，不同的仪器分析实验对试剂的要求不同。配制标准溶液的试剂有专用试剂、纯金属、高纯试剂、优级纯及分析纯试剂等。

仪器分析用标准溶液的浓度都比较低，常以$\mu g \cdot L^{-1}$表示。稀溶液保存的有效期短，通常配制成浓标准溶液作为储备液，用前进行稀释。

2.5 缓冲溶液的配制

2.5.1 缓冲溶液的组成及 pH 值计算

能够抵御少量强酸、强碱或稀释而保持溶液 pH 值基本不变的溶液，称为缓冲溶液。它一般是由浓度较大的弱酸及其盐、弱碱及其盐、多元弱酸的酸式盐及其次级盐所组成。缓冲溶液分一般缓冲溶液和标准缓冲溶液两类。

不同的缓冲溶液具有不同的 pH 值。对于弱酸及其盐组成的缓冲溶液，若用c_a表示弱酸的浓度，c_s表示盐的浓度，则

$$pH = pK_a^\ominus - \lg \frac{c_a}{c_s} \tag{2-1}$$

对于弱碱及其盐组成的缓冲溶液，若用c_b表示弱碱的浓度，c_s表示盐的浓度，则

$$pH = pK_w^\ominus - \left(pK_b^\ominus - \lg \frac{c_b}{c_s}\right) \tag{2-2}$$

2.5.2 缓冲溶液的选择与配制

由式(2-1)可知，缓冲溶液 pH 值的大小，取决于 $pK_a^\ominus$ 和缓冲对 c_a和 c_s的比值。当c_a/c_s等于(或接近)1 时，$pH \approx pK_a^\ominus$。因此，配制具有一定 pH 值的缓冲溶液，应当选择 $pK_a^\ominus$ 与所需 pH 值相等或接近的弱酸及其盐。其他类型的缓冲溶液也应遵循此原则。另外，所选择的缓冲溶液对测量过程应没有干扰。

缓冲溶液有不同的配制方法。一般是先根据所需 pH 值选择合适的缓冲对，然后适当提高缓冲对的浓度，尽量保持缓冲对的浓度等于(或接近)1∶1，这样才能配制具有足够缓冲容量的缓冲溶液。

(1)常用一般缓冲溶液的配制

常用一般缓冲溶液的配制见附录 5。

(2)pH 标准溶液

用 pH 计测量溶液的 pH 值时，必须先用 pH 标准溶液对仪器进行校准(定位)。pH 标准溶液应选用 pH 基准试剂配制。将 pH 基准试剂经事先干燥处理后，用电导率$<1.5\ \mu S \cdot cm^{-1}$的纯水配制成规定的浓度(表 2-3)。

表 2-3　pH 标准溶液的配制方法

pH 基准试剂		配　制			pH 标准值（25℃）
名 称	化 学 式	干燥条件	浓度/($mol \cdot L^{-1}$)	方　法	
草酸三氢钾	$KH_3(C_2O_4)_2 \cdot 2H_2O$	57℃ ± 2℃，烘4~5 h	0.05	16 g $KH_3(C_2O_4)_2 \cdot 2H_2O$ 溶于水后，转入 1 L 容量瓶中，稀释至刻度，摇匀	1.68 ±0.01
酒石酸氢钾	$KHC_4H_4O_6$		饱和溶液	过量 $KHC_4H_4O_6$（大于 6.4 $g \cdot L^{-1}$）和水，控制温度在23~27℃，激烈振摇 20~30 min	3.56 ±0.01
邻苯二甲酸氢钾	$KHC_8H_4O_4$	105℃ ±5℃，烘2~3 h	0.05	取 10.12 g $KHC_8H_4O_4$，用水溶解后转入 1 L 容量瓶中，稀释至刻度，摇匀	4.00 ±0.01
磷酸氢二钠－磷酸二氢钾	$Na_2HPO_4 - KH_2PO_4$	110~120℃，烘2~3 h	0.025~0.025	取 3.533 g Na_2HPO_4、3.387 g KH_2PO_4，用水溶解后转入 1 L 容量瓶中，稀释至刻度，摇匀	6.86 ±0.01
四硼酸钠	$Na_2B_4O_7 \cdot 10H_2O$	在氯化钠和蔗糖饱和溶液中干燥至恒重	0.01	取 3.80 g $Na_2B_4O_7 \cdot 10H_2O$ 溶于水后，转入 1 L 容量瓶中，稀释至刻度，摇匀	9.18 ±0.01
氢氧化钙	$Ca(OH)_2$		饱和溶液	过量（大于 2 $g \cdot L^{-1}$）和水，控制温度在 23~27℃，剧烈振摇 20~30 min	12.46 ±0.01

pH 标准溶液的 pH 值会随温度而变化，表 2-4 列出了一些常用缓冲溶液在 10~35℃的 pH 值。

表 2-4　pH 标准缓冲溶液

标准缓冲溶液	pH						
	5℃	10℃	15℃	20℃	25℃	30℃	35℃
0.05 $mol \cdot L^{-1}$ $KH_3(C_2O_4)_2 \cdot 2H_2O$	1.67	1.67	1.67	1.68	1.68	1.68	1.69
饱和 $KHC_4H_4O_6$					3.56	3.55	3.55
0.05 $mol \cdot L^{-1}$ $KHC_8H_4O_4$	4.00	4.00	4.00	4.00	4.00	4.01	4.02
0.025 $mol \cdot L^{-1}$ Na_2HPO_4 和 0.025 $mol \cdot L^{-1}$ KH_2PO_4	6.95	6.92	6.90	6.88	6.86	6.85	6.84
0.01 $mol \cdot L^{-1}$ $Na_2B_4O_7 \cdot 10H_2O$	9.39	9.33	9.28	9.23	9.18	9.14	9.11
饱和 $Ca(OH)_2$	13.21	13.01	12.82	12.64	12.46	12.29	12.13

以上标准溶液一般可以保存 2 个月。如发现变混浊、发霉等现象，则不能继续使用。

2.6 重量分析基本操作及有关仪器的使用

重量分析的基本操作，包括样品的溶解，沉淀的过滤和洗涤，烘干或灼烧，称重等。为使沉淀完全纯净，应根据沉淀的类型选择适宜的操作条件，对于每步操作都要细心地进行，以得到准确的分析结果。

2.6.1 样品的溶解

准备好洁净的烧杯，配好合适的玻璃棒和表面皿。玻璃棒的长度应比烧杯高 5 ~ 7 cm，但不要太长。表面皿的直径应略大于烧杯口直径。放取样品于烧杯后，选择适当的溶剂和适当的溶解条件将样品溶解，在溶解过程中要避免样品和溶液散落和溅出。

2.6.2 沉淀

对处理好的试样溶液进行沉淀时，应根据沉淀的晶体或非晶体沉淀的性质，选择不同的沉淀条件。对于晶形沉淀要遵循“稀、热、慢、搅、陈”的沉淀操作条件，即沉淀的溶解要冲稀一些；沉淀溶液应加热；沉淀速度要慢；同时应边搅动，逐滴加入沉淀剂，右手持玻璃棒不断的搅拌。滴加时滴管口应接近液面，避免溶液溅出 。搅拌时需注意不要将玻璃棒碰到烧杯壁和杯底。沉淀后应检查沉淀是否完全，检验的方法是待沉淀下沉后，滴加少量沉淀剂于上层清液中，观察是否出现混浊。沉淀完全后，盖上表面皿，放置过夜或在水浴锅上加热 1 h 左右，使沉淀陈化。对于非晶体沉淀，应当在热的较浓的溶液中进行，较快地加入沉淀剂，搅拌方法同上。待沉淀完全后，迅速用热的蒸馏水冲稀，不必陈化。有时需加入电解质，待沉淀沉降后，应立即趁热过滤和洗涤。

2.6.3 沉淀的过滤和洗涤

(1) 用滤纸过滤

漏斗的选择、滤纸的选择、滤纸的折叠与安放、沉淀的过滤与洗涤等步骤介绍如下。

①漏斗　有玻璃质和瓷质两种。玻璃漏斗有长颈和短颈两种类型。长颈漏斗用于重量分析 ，短颈漏斗用于热过滤。长颈漏斗的直径一般为 3 ~ 5 mm，颈长为 15 ~ 20 cm。锥体角度为60°，颈口处呈45°角，如图 2-9 所示。

②滤纸　按用途不同可分为定性滤纸和定量滤纸。定性滤纸灼烧后的灰分较多，常用于定性实验；定量滤纸的灰分很少，一般灼烧后的灰分低于 0. 1 mg，低于分析天平的感量，又称无灰滤纸，常用于定量分析。按过滤速度和分离的性能不同分为快速、中速和慢速 3 种。例如，$BaSO_4$ 为细晶形沉淀，常用慢速滤纸，NH_4MgPO_4 为粗晶形沉淀，常用中速滤纸，而 $Fe_2O_3 \cdot nH_2O$ 为胶状沉淀，需用快速滤纸。按滤纸直径的大小分为 9，11，12. 5，15 cm 等几种。通常根据沉淀量的多少选择滤纸，沉淀一般不超过滤纸锥体的 1/3。滤纸的大小还要根据漏斗的大小来确定，一般滤纸上沿应低于漏斗上沿

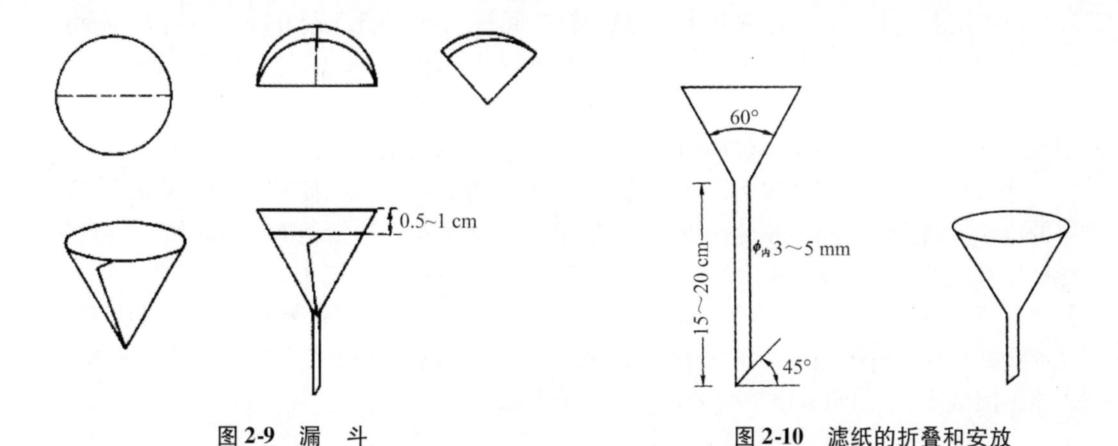

图 2-9　漏　斗　　　　图 2-10　滤纸的折叠和安放

0.5～1 cm。使用时，将手洗净擦干后按四折法把滤纸折成圆锥形，如图 2-10 所示。滤纸的折叠方法是将滤纸对折后再对折，这时不要压紧，打开成圆锥体，放入漏斗，滤纸三层的一边放在漏斗颈口短的一边。如果上边沿与漏斗不十分密合，可稍微改变滤纸的折叠角度，直到滤纸上沿与漏斗完全密合为止（三层与一层之间处应与漏斗完全密合），下部与漏斗内壁形成缝，此时把第二次的折边压紧（不要用手指在滤纸上来回拉，以免滤纸破裂造成沉淀透过）。为使滤纸和漏斗贴紧而无气泡，将三层滤纸的外层折角处撕下一小块，撕下的滤纸放在干燥洁净的表面皿上，以便需用时擦拭沾在烧杯口外或漏斗壁上少量残留的沉淀用。

将滤纸放好后，用手指按紧三层的一边，用少量水润湿滤纸，轻压滤纸赶出气泡，加水至滤纸边沿。这时漏斗颈内应全部充满水，形成水柱。若不形成水柱，可用手指堵住漏斗下口，稍掀起滤纸的一边，用洗瓶向滤纸与漏斗间的空隙处加水，直到漏斗颈和锥体充满水。然后按紧滤纸边，慢慢松开堵住下口的手指，此时即可形成水柱。若还没有水柱形成，可能是漏斗不干净或者是漏斗形状不规范，重新清洗或调换后再用。将准备好的漏斗放在漏斗架上，盖上表面玻璃，下接一洁净烧杯，烧杯内壁与漏斗出口尖处接触。漏斗位置放置的高低，根据滤液的多少，以漏斗颈下口不接触滤液为准。收集滤液的烧杯也要用表面皿盖好。

③过滤　过滤操作多采用倾析法。倾析法的主要优点是过滤开始时没有沉淀堵塞滤纸，使过滤速度加快，同时在烧杯中进行初步洗涤沉淀，比在滤纸上洗涤充分，可提高洗涤效果。

具体操作是待溶液中的沉淀沉降后，将玻棒从烧杯中慢慢取出，下端对着三层滤纸的一边，玻棒尽可能靠近滤纸但不接触滤纸为准（图 2-11）。将上清液倾入漏斗，液面不得超过滤纸高度的 2/3，以免少量沉淀因毛细作用越过滤纸而损失。上清液倾析完后，用洗瓶加 10～15 mL 洗涤液，并用玻棒搅匀，待沉淀后再用倾析法过滤，如此重复 2～3 次。当每次倾析停止时，小心把烧杯沿玻棒竖起，玻棒不离开烧杯嘴，待最后一滴溶液滴完后，将玻棒放入烧杯中，但不要靠在烧杯嘴处，因此处会粘有少量沉淀，然后将烧杯移离漏斗。把沉淀转移到漏斗中后，先用少量洗涤液冲洗玻棒和烧杯内壁上的沉淀，再把沉淀搅起，将悬浮液按上述方法转移到漏斗中。如此重复几次，使绝大部分沉淀转移到漏斗中，然后按图 2-12 方法将少量沉淀洗至漏斗中。即左手持烧杯倾斜拿在漏斗上方，烧杯嘴朝向漏斗。左手食指按住架在烧杯嘴上的玻棒上方，玻棒下端对着三层滤纸处，右手持洗瓶冲洗烧杯内壁上的沉淀，使洗液和沉淀一同流入漏斗中。

④沉淀的洗涤　将转移到漏斗中的沉淀进行洗涤，以除去沉淀表面吸附的杂质和残留的母液。其方法是用洗瓶流出细小而缓慢的水流，从滤纸边沿稍下部位开始，向下按螺旋形移动冲洗，如图 2-13 所示。不可将洗涤液突然冲到沉淀上，否则会造成损失。待洗液流完后，按"少量多次"的原则重复洗涤几次，达到除尽杂质的目的。最后用洗瓶冲洗漏斗颈下端的外壁，用洁净的试管接收少量滤液，选择灵敏的定性反应来检验是否将沉淀洗净(如用硝酸银检验是否有氯离子存在)。

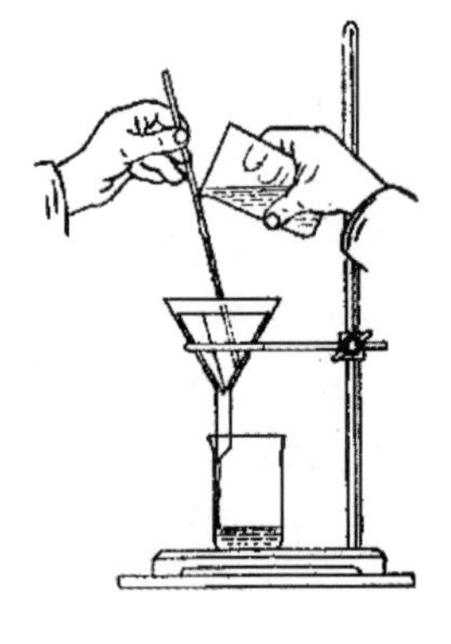

图 2-11　过　滤

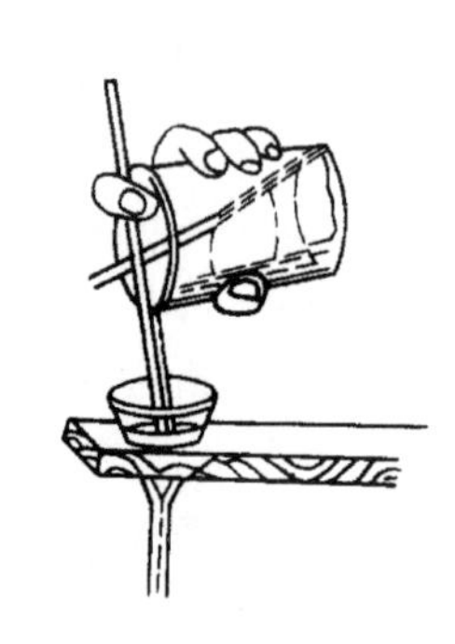

图 2-12　残留沉淀的转移

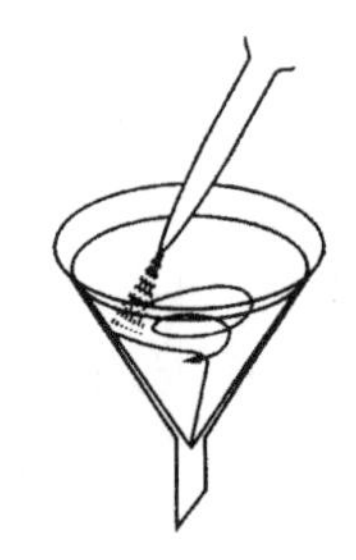

图 2-13　沉淀的洗涤

(2) 玻璃坩埚的过滤

对于烘干即可称重或热稳定性差的沉淀可用玻璃滤器过滤。分析化学实验中常用的两种玻璃滤器如图 2-14 所示。

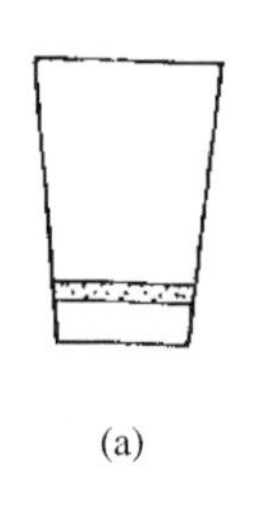

(a)

(b)

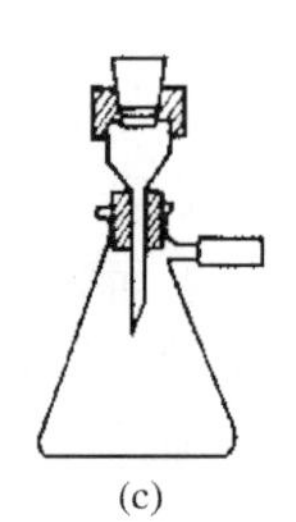

(c)

图 2-14　玻璃滤器和抽滤装置

(a)坩埚式　(b)漏斗式　(c)抽滤装置

玻璃滤器在使用前要经酸洗、抽滤、水洗、烘干。先用盐酸(或硝酸)处理，然后用水洗净，洗时应将微孔玻璃漏斗装入吸滤瓶的橡皮垫圈中，吸滤瓶再用橡皮管接于抽水泵上。当用盐酸洗涤时，先注入酸液，然后抽滤。当结束抽滤时，应先拔出抽滤瓶上的橡皮管，再关抽水泵。洗涤的原则是用能除去玻璃滤器上的残留物，又不至于腐蚀滤板的洗液进行处理，然后抽滤、水洗、再抽滤，最后在烘箱中缓慢地升温到所需温度烘至恒重。

玻璃滤器不宜过滤较浓的碱性溶液、热浓磷酸及氢氟酸溶液，也不宜过滤残渣堵孔无法洗涤的溶液。

将已洗净、烘干且恒重的坩埚，装入抽滤瓶的橡皮垫圈中，接橡皮管于抽水泵上，在抽滤下，用倾泻法过滤，其余操作与用滤纸过滤时相同，不同之处是在抽滤下进行。

2.6.4　沉淀的干燥与灼烧

(1)干燥器的准备

首先将干燥器擦干净，烘干多孔瓷板后，将干燥剂通过一纸筒装入干燥器的底部，应避免干燥剂沾污内壁的上部，然后盖上瓷板。

干燥剂一般常用变色硅胶。此外还可用无水氯化钙。由于各种干燥剂吸收水分的能力都是有一定限度的，因此干燥器中的空气并不是绝对干燥，而只是湿度相对降低而已。所以灼烧和干燥后的坩埚和沉淀，如在干燥器中放置过久，可能会吸收少量水分而使重量增加，这点需加注意。

开启干燥器时，左手按住干燥器的下部，右手按住盖子上的圆顶，向左前方推开器盖，如图2-15所示。盖子取下后应拿在右手中，用左手放入(或取出)坩埚(或称量瓶)，及时盖上干燥器盖。盖子取下后，也可放在桌上安全的地方(注意要磨口向上，圆顶朝下)。加盖时，也应当拿住盖上圆顶，推着盖好。

当坩埚或称量瓶等放入干燥器时，应放在瓷板圆孔内。但称量瓶若比圆孔小时则应放在瓷板上。若坩埚等热的容器时，放入干燥器后，应连续推开干燥器1~2次。搬动或挪动干燥器时，应该用两手的拇指同时按住盖，防止滑落打破，如图2-16所示。

图2-15　开启干燥器的操作

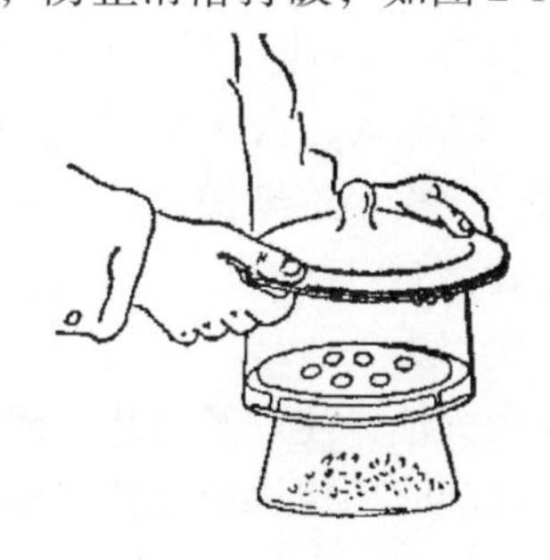

图2-16　挪动干燥器的操作

(2)坩埚的准备

灼烧沉淀常用瓷坩埚，使用前需用稀盐酸等溶剂洗干净，烘干，再用钴盐或铁盐溶液在坩埚及盖上写明编号，以便识别。然后于高温炉中，在灼烧沉淀的温度条件下预先将空坩埚灼烧至恒重，灼烧时间15~30 min，将灼烧后的坩埚自然冷却将其夹入干燥器中，暂不要立即盖紧干燥器盖，留约2 mm缝隙，等热空气逸出后再盖严。移至天平室冷却30~40 min至室温后即可称量。然后再灼烧15~20 min，冷却，称重，至连续两次

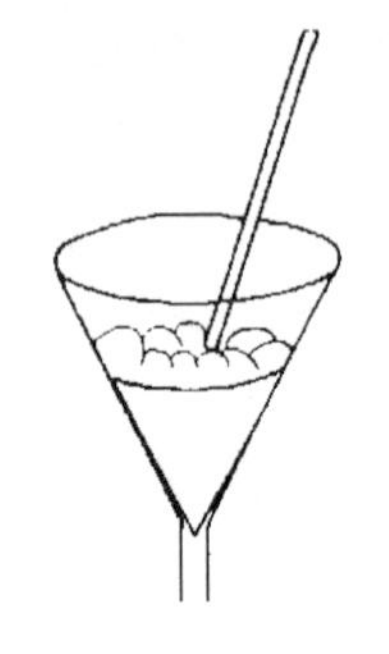
图 2-17 胶状沉淀的包裹

称得质量之差不超过 0.2 mg，即可认为坩埚已恒重。

(3)沉淀的包裹

包裹沉淀为胶体蓬松的沉淀，用洁净的药匙或扁头玻棒将滤纸边挑起，向中间折叠，使其将沉淀盖住，如图 2-17 所示。再用玻棒轻轻转动滤纸包，以便擦净漏斗内壁可能粘有的沉淀。然后将滤纸包用干净的手转移至已恒重的坩埚中，使它倾斜放置，滤纸包的尖端朝上。包裹少量晶状沉淀时，用洁净的药铲或顶端扁圆的玻棒，将滤纸三层部分掀起两处，再用洁净的手指从翘起的滤纸下面将其取出，打开成半圆形，自右端 1/3 半径处向左折叠一次，再自上而下折一次，然后从右向左卷成小卷，如图 2-18 所示，最后将其放入已恒重的坩埚中，包裹层数较多的一面朝上，以便于碳化和灰化。

 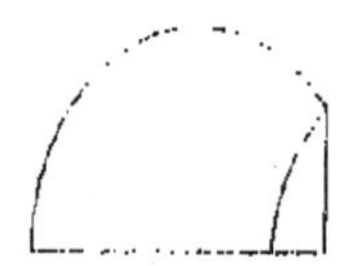 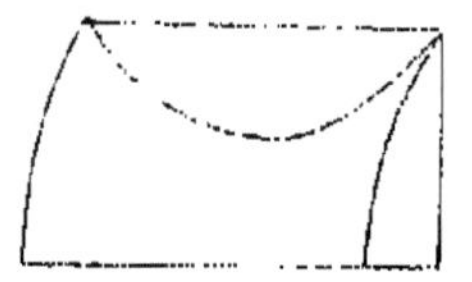 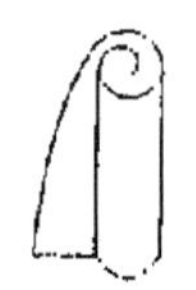 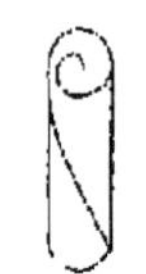

图 2-18 晶形沉淀的包裹

(4)沉淀的烘干、灼烧及称量

将包裹好的沉淀和滤纸进行烘干，烘干时应在煤气灯(或电炉)上进行。在煤气灯上烘干时，将放有沉淀的坩埚斜放在泥三角上，坩埚底部枕在泥三角的一边上，坩埚口朝泥三角的顶角(图 2-19)，调好煤气灯，使滤纸和沉淀迅速干燥。滤纸和沉淀干燥后(这时滤纸只是被干燥，而不变黑)，将煤气灯逐渐移至坩埚底部，使火焰逐渐加大，碳化滤纸，滤纸变黑。注意滤纸碳化时只能冒烟，不能冒火，以免沉淀颗粒随水飞散而损失。

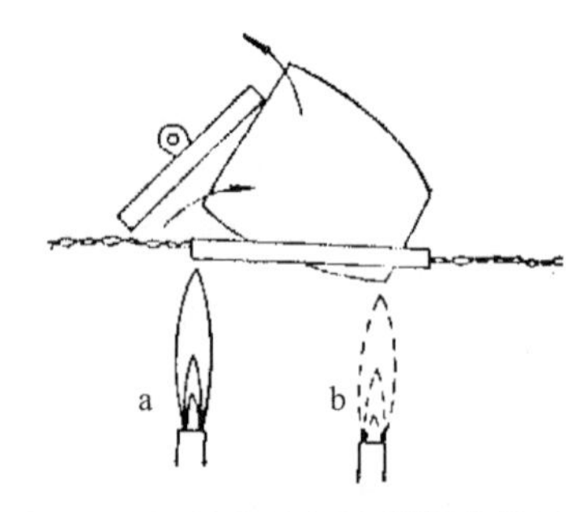

图 2-19 沉淀和滤纸在坩埚中烘干
a. 烘干火焰 b. 碳化、灰化火焰

碳化后加大火焰，使滤纸灰化。滤纸灰化后，应呈灰白色而不是黑色。为使灰化较快的进行，应该随时用坩埚钳夹住坩埚使之转动，但不要使坩埚中的沉淀翻动，以免沉淀飞扬损失。

沉淀和滤纸灰化后，将坩埚移入高温炉中，盖上坩埚盖，但留有空隙。于灼烧空坩埚时相同温度下，灼烧 40～45 min，与空坩埚灼烧操作相同，取出，冷至室温，称重。然后进行第二次、第三次灼烧，直至坩埚和沉淀恒重为止。一般第二次以后灼烧 20 min 即可。

玻璃坩埚放入烘箱中烘干时，应将它放在表面皿上进行。根据沉淀性质确定干燥温度。一般第一次烘干 2 h，第二次 45～60min。如此重复烘干，称重，直至恒重为止。

第3章　基础实验

3.1　滴定分析基本操作练习

滴定分析过程中常用的量器主要有滴定管、移液管(吸量管)、容量瓶等。其中前两种属于量出量器，容量瓶属于量入量器。本次实验的目的主要为熟练掌握各种量器的正确使用技术，为后续具体实验做好准备。

3.1.1　滴定管

滴定管用于滴定时准确测量流出溶液的体积。按其用途不同分为两种：一种是下端带有玻璃活塞的酸式滴定管，用于盛装酸性或氧化性溶液，但不能装碱性溶液；另一种是下端用乳胶管(乳胶管内有一玻璃珠，用于控制溶液的流出)连接一个带尖嘴的小玻璃管的碱式滴定管，用于盛装碱性溶液，不能盛装与乳胶管发生侵蚀或氧化作用的溶液，如HCl、H_2SO_4、I_2、$KMnO_4$、$AgNO_3$等。

常量分析用的滴定管有50 mL及25 mL两种，最小刻度为0.1 mL，读数可估计到0.01 mL。另外，还有10，5，2，1 mL的微量和半微量滴定管。

(1)使用前的准备

①检漏　酸式滴定管使用前应检查活塞是否转动灵活或配合紧密，如不紧密，将会出现漏液现象。检漏方法：用自来水充满滴定管，将其放在滴定管架上静置约2 min，观察有无水滴滴下或用吸水纸(滤纸条)检查活塞缝隙处有无渗水。然后将活塞旋转180°，再进行检查，如果两次均无水滴和渗出，活塞转动灵活即可使用。

为了使活塞转动灵活并防止漏液，必须给活塞涂凡士林。其方法是：将滴定管中的水(或溶液)倒掉，将活塞拔出，滴定管平放在实验台上，用吸水纸将活塞和活塞槽内的水擦干，在活塞孔两端沿圆周用手指均匀地涂一薄层凡士林(图3-1)，紧靠活塞孔处不要涂，以免活塞孔被堵塞。然后将活塞平行放入活塞槽中，单方向旋转活塞直至活塞转动灵活且外观为均匀透明状为止。最后在活塞槽小头一端沟槽上套上一个小橡皮圈，以免活塞脱落打碎。套橡皮圈时应用手抵住活塞，不得使其松动。若无小橡皮圈，可以套一个橡皮筋。

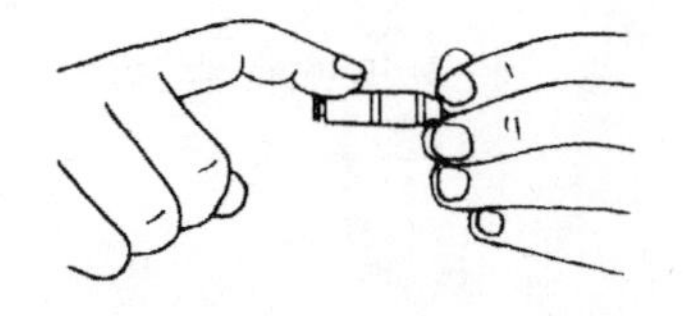

图3-1　活塞涂油

活塞涂凡士林后，须重新检漏，不漏水后方可使用。如遇凡士林堵塞活塞孔或玻璃尖嘴时，可将滴定管充满水，用洗耳球鼓气加压，或将尖嘴浸入热水中，再用洗耳球鼓气，即可将凡士林排除。

碱式滴定管使用前，同样需要将滴定管充满自来水后，将其放在滴定管架上静置约2 min，观察有无水滴滴下。如漏液则应检查乳胶管是否老化，玻璃珠大小是否合适。若不符合要求，应及时更换。

②洗涤　滴定管洗涤方法根据其沾污程度而定。当没有明显污物时，用自来水直接冲洗，或者用滴定管刷蘸上肥皂水或洗涤剂刷洗(但不能用去污粉)，然后用自来水冲洗。如还不干净，可装入5~10 mL洗液浸洗，一手拿住滴定管上端，另一手拿住活塞上部，边转动边将管口倾斜，使洗涤液均匀湿润全管。碱式滴定管应将乳胶管摘下，把玻璃珠和玻璃尖嘴浸泡到洗液中，再将滴定管倒置入洗液，用洗耳球吸取5~10 mL洗液浸洗。若滴定管沾污较严重，可装满洗液浸泡一段时间。洗毕，洗液应倒回洗液瓶中。洗涤后，用自来水冲洗干净。

用自来水冲洗后，再用蒸馏水洗涤2~3次，每次约10 mL。每次加入蒸馏水后，要边转动边将管口倾斜，使水湿润全管。对于酸式滴定管应竖起，使水流出一部分以冲洗滴定管的下端，其余的水从管口倒出。对于碱式滴定管，从下面放水洗涤时，要用拇指和食指轻轻往一边挤压玻璃珠外面的乳胶管，并边放边转，将残留的自来水全部洗出。

③装液与赶气泡　滴定管装液应由溶液瓶直接倒入，首先用操作溶液润洗2~3次，每次应用量约10 mL，润洗方法同蒸馏水法洗涤。然后装入操作溶液，如下端留有气泡或有未充满的部分，将滴定管取下倾斜约30°。若为酸式滴定管，用手迅速打开活塞，使溶液冲出并带走气泡。若为碱式滴定管，将胶管向上弯曲的同时用食指和拇指挤捏玻璃珠部位，使溶液急速流出并带走气泡(图3-2)。

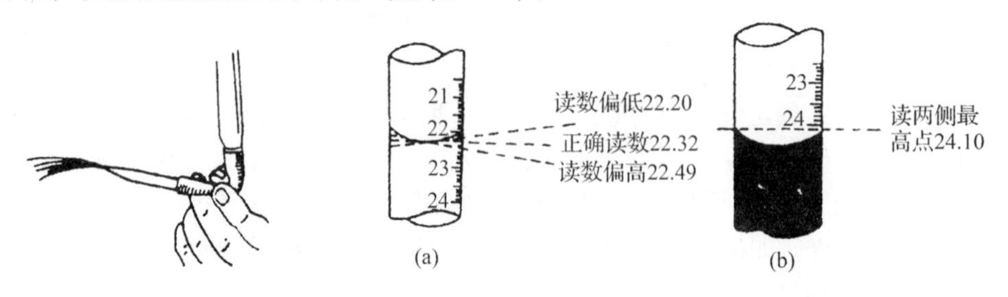

图3-2　碱式滴定管排气泡

图3-3　读数视线的位置

(a)普通滴定管读取数据示意图　(b)有色溶液读取数据示意图

(2)读数

读数前，应观察一下，管内壁应无液珠，下端尖嘴内应无气泡，尖嘴外应不挂液滴。读数时，用手指拿住管的上部无刻度处，使其自然下垂，并使自己的视线与所读的液面水平(图3-3)。对无色或浅色溶液，视线与凹液面下缘相切。若为乳白板蓝线衬背滴定管，应当取蓝线上下两尖端相对点的位置读数。对于深色溶液可读取凹液面两侧最高点。

每次滴定的初读数，最好都调节到零刻度或略低于零刻度，这样每次滴定所用的溶液均差不多在滴定管的同一部位，可避免滴定管刻度不准而引起的误差。滴定时应一次完成，避免因溶液不够二次装入而增加读数误差。

(3)滴定

初读数之后，立即将滴定管夹在滴定管架上，其下端插入锥形瓶(或烧杯)口内约1 cm进行滴定。操作酸式滴定管时，左手控制活塞，拇指在前，食指和中指在后，轻轻捏住活塞柄向里扣，无名指和小指向手心弯曲，无名指抵住下端，转动活塞时，注意勿使手心顶着活塞细端，以防掌心把活塞顶出造成渗漏，如图3-4所示。操作碱式滴定管时，左手拇指在前，食指在后，捏住玻璃珠处的乳胶管向外挤捏，使乳胶管和玻璃珠间形成一条缝隙让溶液流出，如图3-5所示。无名指、中指和小指则夹住尖嘴管，使其垂直而不摆动，但须注意不要使玻璃珠上下移动，更不要捏玻璃珠下部的乳胶管，以免吸入空气而形成气泡。

滴定时，左手控制溶液流速，右手拿锥形瓶瓶颈摇动，微动腕关节，向同一个方向旋转溶液，但不可前后摇动，以免溶液溅出。若用烧杯滴定，则用玻璃棒向同一个方向搅拌，尽量避免玻璃棒碰烧杯壁(图3-6)。

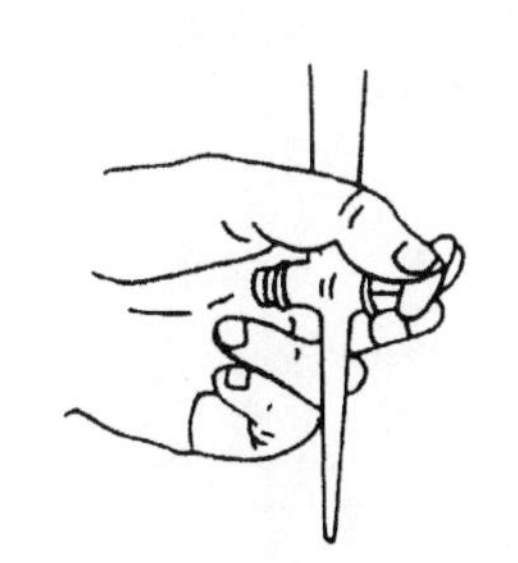

图3-4　活塞的控制

图3-5　碱式滴定管溶液的流出

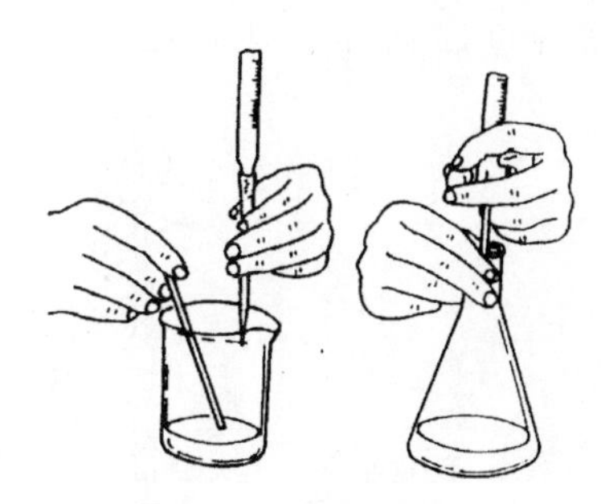

图3-6　滴定操作

(4)滴定速度

开始滴定时，速度可稍快些，但不能形成液柱流下，边滴边摇。接近终点时，每加一滴摇一次，最后每加半滴摇一次，直到溶液出现明显的颜色变化为止。滴加半滴的操作方法是：控制滴定管使溶液悬挂在尖嘴上，让其沿器壁流入承接容器，再用少量蒸馏水冲洗内壁，并摇匀。

滴定完毕，滴定管内剩余的溶液应弃去，不可倒回原瓶，以防沾污溶液。最后依次用自来水和蒸馏水将滴定管洗净，装满蒸馏水，罩上滴定管备用，或用蒸馏水洗净后倒挂在滴定管架上。

3.1.2　移液管和吸量管

移液管和吸量管都是用来准确移取一定体积溶液的量器，二者常称为吸管。移液管中间膨大、两端细长，上端标有刻线，无分刻度，膨大部分标有容积和温度。常用的有5，10，20，25，50 mL等规格。吸量管是标有分刻度的直型玻璃管，管的上端标有指定温度下的总容积，可以准确移取不同体积的溶液，但其准确度比移液管稍差一些。常用的有1，2，5，10 mL等规格。移液管和吸量管在使用前应检查管尖和管口处有无破损或不平，管尖和管口处应平滑完整。

移液管和吸量管洗涤方法与滴定管相似，洁净的吸管内壁应不挂水珠。洗涤时先用自来水冲洗，如不洁净或有严重沾污时，可先用铬酸洗液洗，用自来水冲洗后，再用蒸馏水清洗 2~3 次。洗净的吸量管在移取溶液前必须用吸水纸吸净尖端内外的水，然后用待移取溶液润洗（每次用量为容积的 1/5~1/4）内壁 2~3 次，以保证被移取溶液浓度不变。在吸取溶液时，一手拿洗耳球（预先排除空气），另一手拇指及中指拿住管颈标线以上的地方（图 3-7），将吸管插入待吸溶液液面下 1~2 cm 处（不能伸入太浅以免吸空，也不能伸入太多，以免管外壁沾带溶液过多），用洗耳球慢慢吸取溶液。当溶液上升到标线以上时，迅速用食指紧按管口，取出吸管，将盛液的容器倾斜约 30°，使吸管垂直且管尖嘴紧贴其内壁，然后微微松动食指或用拇指和中指轻轻转动吸管，并减轻食指的压力，让液面缓慢下降，同时平视刻线，直到溶液弯月面下缘与刻线相切时，立即按紧食指。再将吸管移入准备接受溶液的容器中，仍使吸管垂直，管尖嘴接触容器内壁，使接收容器倾斜，放开食指，让溶液自由地沿内壁流下（图 3-8）。待溶液流尽后，应等待约 15 s，再取出吸管。

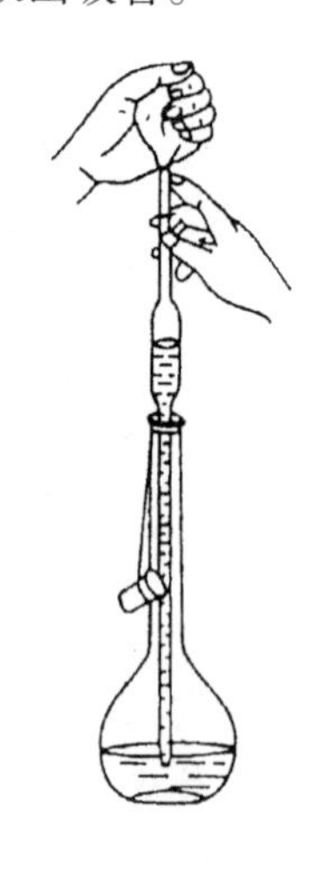

图 3-7　移取溶液

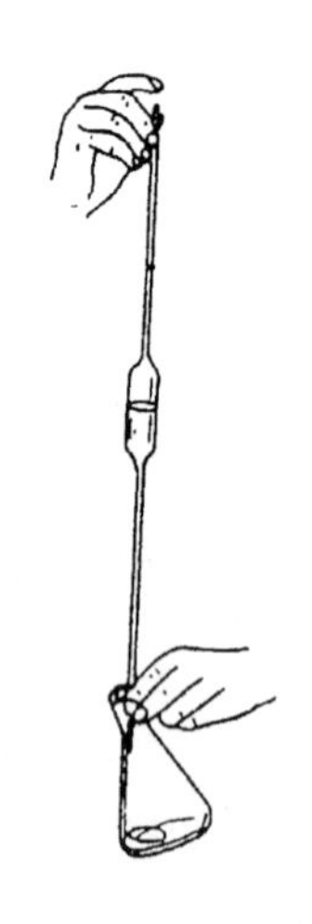

图 3-8　放出溶液

注意：除标有“吹”字的吸管外，不要把残留在管尖内的液体吹出，因为校准吸管容积时没有把这部分液体包括在内。

3.1.3　容量瓶

容量瓶是细颈梨形的平底玻璃瓶，瓶口带有磨口玻璃塞或塑料塞，颈上有一标线，瓶体标有它的体积和温度，一般表示 20℃时，弯液面与刻线相切时的体积。常用的有 10，25，50，100，200，250，500，1000 mL 等多种规格。容量瓶用于配制准确浓度的溶液或定量稀释一定浓度的溶液。

（1）使用前的检查

使用前应检查瓶塞是否漏水。加自来水至标线附近，盖好瓶塞，用左手食指按住，其余手指拿住瓶颈标线以上部分，用右手五指托住瓶底边（图 3-9），将容量瓶倒立

2 min，观察瓶塞周围是否有水渗出。将瓶直立，瓶塞转动180°，再倒立2 min，不漏水即可使用。为了避免打破磨口玻璃塞，应用细绳把塞子系在瓶颈上。

(2)洗涤方法

容量瓶的洗涤方法与吸管相同。尽可能用自来水冲洗，必要时可用洗液浸洗。用自来水洗干净后，再用蒸馏水洗涤2~3次。

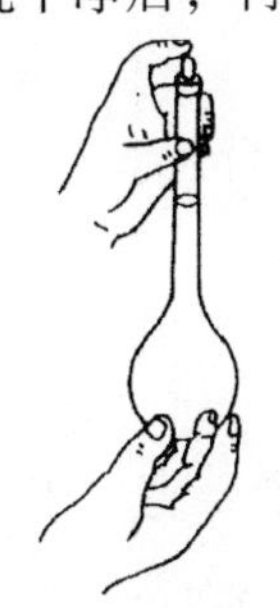

图3-9　容量瓶的检漏

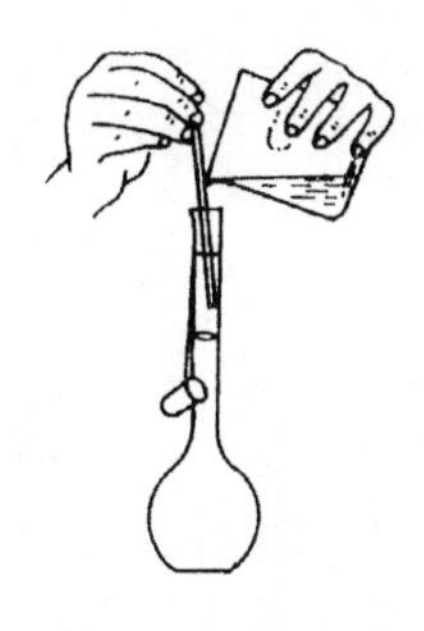

图3-10　定量转移

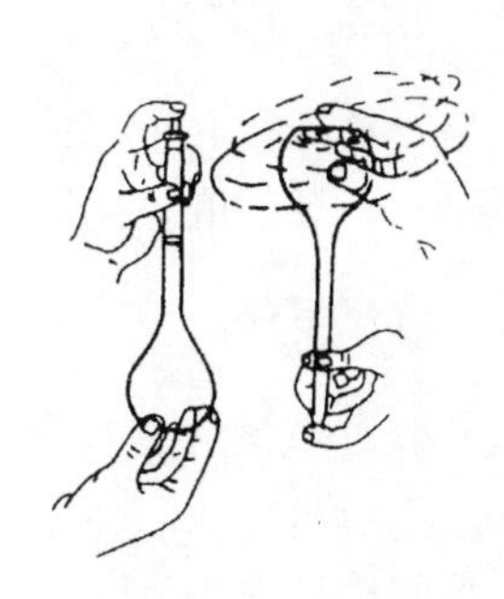

图3-11　摇匀溶液

(3)操作

用固体物质配制溶液时，首先准确称取一定量的固体物质，置于干净的小烧杯中，加入少量溶剂将其完全溶解后，再定量转移至容量瓶中，此过程称为定容。定量转移时，一手持玻璃棒，将玻璃棒悬空伸入容量瓶中，玻璃棒的下端靠近瓶颈内壁。另一手拿烧杯，使烧杯嘴紧贴玻璃棒，让溶液沿玻璃棒顺容量瓶内壁流下(图3-10)，烧杯中溶液倾完后，烧杯不要直接离开玻璃棒，将烧杯嘴向上提，同时使烧杯直立，可避免杯嘴与玻璃棒之间的一滴溶液流到烧杯外面。将玻璃棒取出放入烧杯内(但不要将玻璃棒靠到烧杯嘴处)，用少量溶剂冲洗玻璃棒和烧杯内壁洗涤2~3次，每次的洗涤液都转移到容量瓶中，补加溶剂至接近标线，最后逐滴加入，直到溶液的弯月面恰好与标线相切。盖紧瓶塞，一手按住瓶塞，另一手托住瓶底，将容量瓶倒立摇匀(图3-11)，再倒过来，使气泡上升顶部，如此反复多次，使溶液混匀。

如需将已知准确浓度的浓溶液稀释成一定浓度的稀溶液，则用移液管移取一定体积的浓溶液于容量瓶中，加水至标线，按上述方法混匀即可。

(4)注意事项

容量瓶不宜长期贮存试剂溶液，配好的溶液需长期保存时，应转入试剂瓶中。容量瓶用毕应立即用水洗净备用。如长期不用，应将磨口和瓶塞擦干，用纸将其隔开。容量瓶不能在烘箱中烘干或直接用明火加热。如需干燥，可将洗净的容量瓶用乙醇等有机溶剂润洗后晾干或电吹风冷风吹干。

3.2　分析天平称量练习

3.2.1　实验目的

1. 熟悉电子分析天平的原理和使用规则。

2. 学习分析天平的基本操作和常用称量方法。

3.2.2 实验原理

电子天平的称量原理参见本教材第2章2.3有关部分。

3.2.3 仪器与试剂

仪器：称量瓶、小烧杯(50mL)、小药匙、称量纸、全自动电子分析天平。
试剂：石英砂或氯化钠。

3.2.4 实验内容

本实验以FA/JA系列电子天平(图2-8)为例进行天平练习操作，其基本操作步骤如第2章2.3所述。

天平的称量方法可以分为直接称量法、固定质量称量法和差减称量法。本实验重点练习差减称量法。

称取试样的质量只要求在一定的质量范围内，可采用差减称量法。此法适用于连续称取多份易吸水、易氧化或易与二氧化碳反应的物质。将适量试样装入洁净干燥的称量瓶中，先在分析天平上用直接称量法准确称量得其质量为 m_1。一手用洁净的纸条套住称量瓶取出，举在要放试样的容器(烧杯或锥形瓶)上方，另一手用小纸片夹住瓶盖，打开瓶盖，将称量瓶一边慢慢地向下倾斜，一边用瓶盖轻轻敲击瓶口上方，使试样通过震动慢慢滑落入容器内(图2-7)。当倾出的试样估计接近所要求的质量时，慢慢将称量瓶竖起，同时轻敲瓶口上部，使沾附在瓶口试样落回瓶中并盖好瓶盖，再将称量瓶放回天平上称量，此时称得的准确质量为 m_2，两次质量之差 $(m_1 - m_2)$ 即为所称试样的质量。按上述方法可连续称取几份试样，实验结果记录表中：

物品	组Ⅰ	组Ⅱ	组Ⅲ
称量瓶+样重/g(倾出样前)	$m_1=$	$m_2=$	$m_3=$
称量瓶+样重/g(倾出样后)	$m_2=$	$m_3=$	$m_4=$
倾出样重/g	$m_1-m_2=$	$m_2-m_3=$	$m_3-m_4=$

思考题

1. 差减称量法的优点是什么?
2. 直接称量法必须准确调节零点，而在差减法中则不强调，为什么?

3.3 盐酸标准溶液的配制和标定

3.3.1 实验目的

1. 掌握滴定管、移液管的使用方法。

2. 掌握盐酸标准溶液的配制方法。

3.3.2　实验原理

标准溶液是指已知准确浓度并可用来进行滴定的溶液。一般采用下列两种方法配制。

(1)直接法

用分析天平准确称取一定质量的物质经溶解后转移到容量瓶中，并稀释定容，摇匀。根据下式计算溶液的准确浓度。

$$c(\mathrm{B})=\frac{m(\mathrm{B})}{M(\mathrm{B})\cdot V}$$

式中，$m(\mathrm{B})$为B物质质量；$M(\mathrm{B})$为B物质摩尔质量；V为容量瓶体积。

(2)间接法

只有基准物质才能采用直接法配制标准溶液，非基准物质必须采用间接法配制。即先配成近似，然后再标定。如酸碱滴定中的HCl、NaOH标准溶液都采用间接法配制。

3.3.3　仪器与试剂

仪器：50 mL酸式滴定管、锥形瓶(250 mL)、小烧杯(100 mL)、试剂瓶(500 mL)、量筒(100 mL和10 mL)、分析天平。

试剂：6 $\mathrm{mol\cdot L^{-1}}$ HCl、甲基橙指示剂、硼砂(AR)。

3.3.4　实验内容

(1)标准溶液的粗配

0.1 $\mathrm{mol\cdot L^{-1}}$ HCl溶液的配制：用小量筒量取5 mL 6 $\mathrm{mol\cdot L^{-1}}$ HCl，注入盛有约100 mL蒸馏水的试剂瓶中，加水稀释至300 mL，盖上玻塞，摇匀，贴上标签，备用。

(2)滴定管的准备

将酸式滴定管用自来水洗涤、蒸馏水润洗后，用5~10 mL自配的HCl溶液润洗2~3次，然后将HCl溶液装入滴定管中，赶气泡，调节滴定管液面在0~1 mL之间，记录初读数。

(3)0.1 $\mathrm{mol\cdot L^{-1}}$HCl溶液的标定

①基准物质　标定HCl的基准物质最常用的有无水碳酸钠和硼砂。

a. 无水碳酸钠(Na_2CO_3)：碳酸钠用作基准物质的优点是容易提纯，价格便宜，缺点是摩尔质量较小，具有吸湿性，故使用前必须置于270~300℃的电炉内加热1 h，然后于干燥器中冷却后备用。

甲基橙作指示剂时标定反应为：

$$Na_2CO_3+2HCl=\!=\!=2NaCl+H_2O+CO_2\uparrow$$

$$c(\mathrm{HCl})=\frac{2m}{M(\mathrm{Na_2CO_2})\cdot V(\mathrm{HCl})}\times1000$$

终点产物为CO_2的饱和水溶液，此时 pH =3.88，宜选甲基橙作指示剂。

b. 硼砂($Na_2B_4O_7 \cdot 10H_2O$)：硼砂作为基准物质的优点是摩尔质量大，吸湿性小，易于制得纯品，直接称取单份硼砂标定 HCl 时，称量误差较小。但由于含有结晶水，当空气中的相对湿度小于39%时，有明显风化失水现象(风化为五水化合物)。因此，常将硼砂保存在相对湿度为60%的恒湿器中(配制 NaCl 和蔗糖饱和溶液可达到相对湿度为60%)。

硼砂标定反应为：

$$Na_2B_4O_7 + 2HCl + 5H_2O = 4H_3BO_3 + 2NaCl$$

$$c(HCl) = \frac{2m}{M(Na_2B_4O_7 \cdot 10H_2O) \cdot V(HCl)} \times 1000$$

用 HCl 滴定硼砂时，终点产物为很弱的硼酸(H_3BO_3之$K_a^\ominus = 5.7 \times 10^{-10}$)，pH 值约为5.1，因此宜选甲基红作指示剂。

②标定方法(以硼砂作基准物质为例) 在分析天平上用差减法准确称取1.9 g左右的硼砂，放入100 mL的小烧杯中，加入约30 mL蒸馏水溶解(可加热)，冷却至室温后，用玻棒将硼砂溶液定量转移至100 mL容量瓶中，用少量蒸馏水洗涤烧杯3次，洗涤液一并转入容量瓶，定容，摇匀。用移液管准确移取硼砂溶液20.00 mL于250 mL锥形瓶中，加甲基红2滴，用待标定的 HCl 溶液滴定至微红色，30 s内不消失即为终点，记录 HCl 的体积，计算 HCl 的准确浓度。或者准确称取硼砂约0.4 g于锥形瓶中(2份)，加约30 mL蒸馏水溶解后，加甲基红2滴，用待标定的 HCl 溶液滴定至溶液颜色由黄色变为微红色且30 s内不消失为终点。记录消耗 HCl 的体积，计算 HCl 的准确浓度。

思考题

1. 在滴定分析实验中，滴定管、移液管为何需要用滴定剂和待移取的溶液润洗？所用锥形瓶是否也要用滴定剂润洗？为什么？

2. 标定 HCl 溶液时，可用Na_2CO_3作基准物质或用 NaOH 标准溶液两种方法进行标定，比较这两种方法的优缺点。

3.4 食用纯碱中Na_2CO_3和$NaHCO_3$含量的测定

3.4.1 实验目的

1. 掌握双指示剂法测定混合碱的原理。
2. 继续熟练使用滴定分析常用仪器。

3.4.2 实验原理

混合碱是指Na_2CO_3和$NaHCO_3$或 NaOH 和Na_2CO_3的混合物。测定试样中各组分的含量，可用 HCl 标准溶液滴定，根据滴定过程中溶液 pH 值的变化情况，选用甲基橙、酚酞两种指示剂，分别指示第一、第二终点，然后根据达到第一、第二终点时所用去的HCl标准溶液的体积可判断混合碱的组成，并可求出各组分的含量。通常称此法为“双指示剂法”。这种方法简便快速，在生产实际中应用广泛。

具体做法：于混合碱试样溶液中先加入酚酞指示剂2滴，用HCl标准溶液滴定到酚酞红色刚好褪去，即为第一终点，反应如下：

$$NaOH + HCl = NaCl + H_2O$$

$$Na_2CO_3 + HCl = NaHCO_3 + NaCl$$

然后加入甲基橙指示剂，继续用HCl标准溶液滴定至溶液由黄色变为橙色，即达第二终点，反应如下：

$$NaHCO_3 + HCl = NaCl + H_2O + CO_2\uparrow$$

整个滴定过程中消耗HCl的体积关系及计算公式如下：

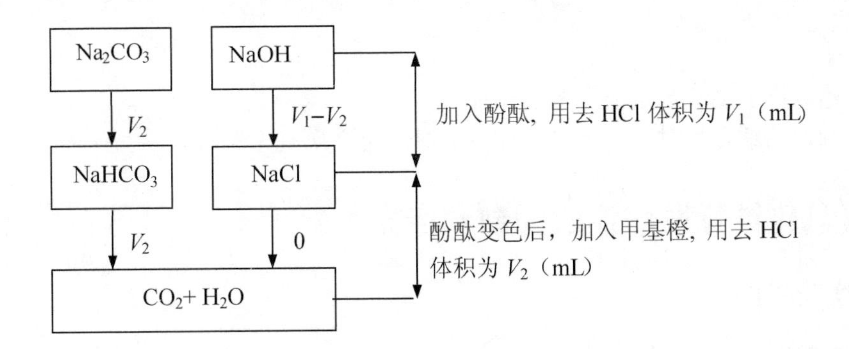

当 $V_1 > V_2 > 0$ 时，其试液组成为 OH^- 和 CO_3^{2-}，其中滴定NaOH所用去HCl溶液体积为 $(V_1 - V_2)$ mL，滴定 Na_2CO_3 所用HCl溶液体积为 $2V_2$ mL。

$$w(NaOH) = \frac{c(HCl) \cdot [V_1(HCl) - V_2(HCl)] \cdot M(NaOH)}{m_s} \times 100\%$$

$$w(Na_2CO_3) = \frac{c(Na_2CO_3) \cdot V_2(HCl) \cdot M(Na_2CO_3)}{m_s} \times 100\%$$

式中，m_s 为所称试样质量。

当 $V_2 > V_1 > 0$ 时，其组成为 Na_2CO_3 和 $NaHCO_3$，其中滴定试样中 $NaHCO_3$ 所用体积为 $(V_2 - V_1)$ mL，滴定 Na_2CO_3 所用体积为 $2V_1$ mL。

$$w(NaOH) = \frac{c(HCl) \cdot [V_2(HCl) - V_1(HCl)] \cdot M(NaOH)}{m_s} \times 100\%$$

$$w(Na_2CO_3) = \frac{c(Na_2CO_3) \cdot V_1(HCl) \cdot M(Na_2CO_3)}{m_s} \times 100\%$$

3.4.3　仪器与试剂

仪器：酸式滴定管、锥形瓶(250 mL)、小烧杯(100 mL)、试剂瓶(500 mL)、量筒、容量瓶(200 mL)、移液管(20 mL)、分析天平。

试剂：0.1 mol · L^{-1} HCl 标准溶液、酚酞指示剂、甲基橙指示剂、无水碳酸钠（AR）、食用纯碱样品。

3.4.4 实验内容

（1）HCl 标准溶液的配制与标定（见 3.3）

（2）样品的测定

在分析天平上准确称取市售的食用纯碱 0.15～0.20g 两份，分别置于洁净的 250 mL 锥形瓶中，各加 30 mL 蒸馏水溶解，加入酚酞指示剂 2 滴，用 HCl 标准溶液滴定至微红色即为终点（将锥形瓶置于白色衬底上仔细观察），记录 HCl 标准溶液的用量 V_1，再加入甲基橙指示剂 2 滴，继续滴定至溶液由黄色恰好变为橙色为终点，记录 HCl 标准溶液的用量 V_2，按上述公式计算，两次平行测定结果的相对相差应不大于 0.3%，否则增加平行测定的次数。

思考题

1. 简述双指示剂法测定混合碱的原理。
2. 在测定纯碱含量时，如果将试样烘干对测定结果有无影响？

3.5 氢氧化钠标准溶液的配制和标定

3.5.1 实验目的

1. 掌握滴定管、移液管的使用方法。
2. 掌握氢氧化钠标准溶液的配制方法。

3.5.2 实验原理

标准溶液是指已知准确浓度并可用来进行滴定的溶液。一般采用下列两种方法配制。

（1）直接法

用分析天平准确称取一定质量的物质经溶解后转移到容量瓶中，并稀释定容，摇匀。根据下式计算溶液的准确浓度。

$$c(\mathrm{B})=\frac{m(\mathrm{B})}{M(\mathrm{B})\cdot V}$$

式中，$m(\mathrm{B})$ 为 B 物质质量；$M(\mathrm{B})$ 为 B 物质摩尔质量；V 为容量瓶体积。

（2）间接法

只有基准物质才能采用直接法配制标准溶液，非基准物质必须采用间接法配制。即先配成近似，然后再标定。如酸碱滴定中的 HCl、NaOH 标准溶液都采用间接法配制。

3.5.3 仪器与试剂

仪器：50 mL 碱式滴定管、锥形瓶（250 mL）、小烧杯（100 mL）、试剂瓶（500 mL）、

台秤、分析天平。

试剂：NaOH 固体、酚酞指示剂、邻苯二甲酸氢钾(AR)。

3.5.4　实验内容

(1)标准溶液的粗配

0.1 mol·L^{-1} NaOH 溶液的配制：在台秤上称取 NaOH 固体 1.2 g 于小烧杯中，加入 50 mL 蒸馏水溶解，倒入试剂瓶中，用蒸馏水稀释至 300 mL，塞上橡皮塞，摇匀，贴上标签，备用。

(2)滴定管的准备

将碱式滴定管用自来水洗涤、蒸馏水润洗后，每次用 5～10 mL 自配的 NaOH 溶液润洗 2～3 次，然后将 NaOH 装入滴定管中，赶气泡，将滴定管液面调节在“0”刻度或附近以下，准确记录初读数。

(3)0.1 mol·L^{-1}NaOH 标准溶液的标定

①基准物质　标定 NaOH 的基准物质最常用的有邻苯二甲酸氢钾和草酸。

a. 邻苯二甲酸氢钾($KHC_8H_4O_4$)：邻苯二甲酸氢钾容易得纯品，且不含结晶水，在空气中不吸水，易保存，且摩尔质量较大，是标定 NaOH 溶液的理想的基准物质。邻苯二甲酸氢钾通常在 100～125℃温度下干燥后备用，干燥温度不能过高，否则会引起脱水成为邻苯二甲酸酐。

邻苯二甲酸氢钾标定 NaOH 的反应为：

$$C_6H_4(COOH)(COOK) + NaOH = C_6H_4(COONa)(COOK) + H_2O$$

$$c(NaOH) = \frac{m}{M(KHC_8H_4O_4) \cdot V(NaOH)} \times 1000$$

由于滴定产物邻苯二甲酸钾钠呈碱性，故应选择酚酞作指示剂。

b. 草酸($H_2C_2O_4 \cdot 2H_2O$)：草酸在相对湿度为 5%～59% 时不会风化而失水，故将草酸保存在磨口玻璃瓶中即可。草酸在固体状态时性质稳定，但在溶液中稳定性较差，空气能使草酸缓慢氧化。光线以及 Mn^{2+} 等能催化促进其氧化。$H_2C_2O_4$水溶液久置能自动地分解放出 CO_2和 CO，故草酸溶液不能长期保存。草酸是二元酸，由于 $K^{\ominus}_{a1} > 10^{-7}$，$K^{\ominus}_{a2} > 10^{-7}$，$K^{\ominus}_{a1}/K^{\ominus}_{a2} < 10^4$，只能一步滴定，它与 NaOH 的反应如下：

$$H_2C_2O_4 + 2NaOH = Na_2C_2O_4 + 2H_2O$$

终点产物为 $Na_2C_2O_4$，溶液呈碱性，可选酚酞作指示剂。

②标定方法　以邻苯二甲酸氢钾作基准物质为例。

在分析天平上用差减法准确称取 2.0～2.2 g $KHC_8H_4O_4$ 于 100 mL 小烧杯中加入约 30 mL 蒸馏水，用洁净玻棒搅拌使之溶解(可稍加热)，冷却至室温后，将溶液转入 100 mL 容量瓶中，用少量蒸馏水洗涤烧杯 3 次，每次洗涤液均转入容量瓶中，用蒸馏水定容至刻度，塞上瓶塞，摇匀。取一支 20 mL 移液管，用该溶液润洗两次后，移取该溶液 20.00 mL，放入锥形瓶中，加 2 滴酚酞，用待标定的 NaOH 溶液滴定至溶液由无色变为微红色，且 30 s 内不褪色即为终点，记录 $V(\mathrm{NaOH})$，计算所标定 NaOH 溶液的准确浓度。或者准确称取两份邻苯二甲酸氢钾(0.4~0.6 g/份)，置于 250 mL 锥形瓶中，各加 30 mL 无 CO_2的蒸馏水，加热溶解，加 2 滴酚酞指示剂，用待标定的 NaOH 滴定至终点，记录 NaOH 的体积，计算 NaOH 的准确浓度。其相对相差应小于 0.2%。

思考题

粗配 NaOH 溶液时，应选用何种称量仪器称取 NaOH？为什么？

3.6 铵盐中含氮量的测定(甲醛法)

3.6.1 实验目的

1. 了解氮含量的测定方法。
2. 掌握间接法测定铵态氮的原理和方法。
3. 进一步掌握滴定分析的基本操作。

3.6.2 实验原理

铵盐是农业生产中常用的氮肥，由于 NH_4^+ 的酸性较弱($K_a^\ominus = 5.6 \times 10^{-10}$)，不能直接用碱标准溶液滴定，但 NH_4^+ 能与甲醛反应生成六次甲基四胺(乌洛托品，弱碱，$K_b^\ominus = 1.4 \times 10^{-9}$)而置换出等量的 H^+，能用碱标准溶液直接滴定，根据碱标准溶液的用量和取样量计算样品中氮的含量，有关反应如下：

$$4NH_4^+ + 6HCHO \xlongequal{} (CH_2)_6N_4H^+ + 6H_2O + 3H^+$$

$$(CH_2)_6N_4H^+ + 3H^+ + 4OH^- \xlongequal{} (CH_2)_6N_4 + 4H_2O$$

理论终点时的 pH 值为 8.8，可选酚酞作指示剂。

由上述反应可知，铵盐与 NaOH 之间的物质的量的关系如下：

$$4N \longrightarrow 4NH_4^+ \longrightarrow 4H^+ \longrightarrow 4NaOH$$

因甲醛往往被空气中的氧气氧化而含有少量甲酸，铵盐中也可能含有少量的游离酸(决定于制造方法和纯度)，为提高分析结果的准确度，在测定之前必须进行预处理。

甲醛必须是中性的，取一定量的甲醛用 NaOH 溶液滴定至酚酞指示剂变色，立即装回试剂瓶中加盖保存(防止大量挥发而污染环境)备用，铵盐则需用 NaOH 溶液滴定至甲基红终点。

3.6.3 仪器与试剂

仪器：碱式滴定管、锥形瓶(250 mL)、小烧杯(100 mL)、试剂瓶(500 mL)、量筒(100 mL 和 10 mL)、容量瓶(200 mL)、移液管(20 mL)、分析天平。

试剂：37% 中性甲醛、0.1 mol·L^{-1}NaOH 标准溶液、酚酞指示剂、甲基红指示剂、铵盐试样。

3.6.4　实验内容

准确称取硫酸铵试样1.2 g左右于小烧杯中，加50 mL蒸馏水溶解，然后定量地转移到200 mL容量瓶中定容，摇匀。用移液管移取20.00 mL试液于250 mL锥形瓶中，加20 mL蒸馏水和2滴甲基红指示剂，如呈现红色则表示铵盐中有游离酸，则先要用NaOH标准溶液滴定至橙色，记录NaOH的用量，平行测定3次，求出其平均用量V_1。另取20.00 mL试液于另一锥形瓶中，加20 mL蒸馏水，5 mL 37%中性甲醛，摇匀，放置5 min，待反应完全后加1~2滴酚酞指示剂，在充分摇动下用NaOH标准溶液滴至粉红色，30 s内不褪色即为终点，平行测定3次，求出NaOH的平均用量V_2，按下式计算试样中的含氮量：

$$w(\mathrm{N})=\frac{c(\mathrm{NaOH})\cdot[V_2(\mathrm{NaOH})-V_1(\mathrm{NaOH})]\cdot M(\mathrm{N})}{m_s}\times\frac{200.00}{20.00}\times 100\%$$

式中，m_s为称取硫酸铵试样的量；$M(\mathrm{N})$为氮的摩尔质量（14.01 $g\cdot mol^{-1}$）。

思考题

1. 铵盐中氮的测定为什么不能用碱标准溶液直接滴定？
2. 滴定前为什么用不同的指示剂对甲醛和样品进行预处理？
3. 测定含氮量除了用甲醛法外还有什么其他方法？

3.7　EDTA标准溶液的配制和标定及水的总硬度测定

3.7.1　实验目的

1. 掌握配位滴定法的原理，了解配位滴定法的特点。
2. 学习EDTA标准溶液的配制与标定方法。
3. 掌握EDTA法测定水中钙、镁离子含量及硬度的原理。

3.7.2　实验原理

EDTA是乙二胺四乙酸的简称，为一种氨羧配位剂，能与大多数金属离子形成稳定的1∶1型配合物。但由于乙二胺四乙酸在水中的溶解度太小，所以实际工作中通常使用溶解度较大的乙二胺四乙酸二钠盐（也称为EDTA）来配制配位滴定法的标准溶液。市售的EDTA含有少量杂质，故常采用间接法配制EDTA溶液。

标定EDTA的基准物质很多，如金属Zn、Cu、Pb、Bi等和金属氧化物ZnO、Bi_2O_3等以及$CaCO_3$、$MgSO_4\cdot 7H_2O$等。通常选用其中与被测组分相同的物质作基准物质，这样标定条件与测量条件尽可能一致，从而减小测量误差。

水的总硬度是指水中Ca^{2+}、Mg^{2+}总量，它包括暂时硬度和永久硬度。水中Ca^{2+}、Mg^{2+}以酸式碳酸盐形式存在的称为暂时硬度；若以硫酸盐、硝酸盐和氯化物形式存在的称为永久硬度。水的总硬度是衡量水质的一个重要指标，水的总硬度即钙、镁含量的测定为确定水的质量和水的处理提供了依据。

水的硬度的测定通常采用配位滴定法，取一定体积水样在 pH = 10.0 氨性缓冲液中，以铬黑 T 为指示剂，用 EDTA 标准溶液滴定 Ca^{2+}、Mg^{2+} 总量。然后另取一定体积水样，用 NaOH 溶液调节 pH = 12.0，此时 Mg^{2+} 沉淀为 $Mg(OH)_2$，以钙指示剂指示滴定终点，用 EDTA 标准溶液滴定，测出 Ca^{2+} 含量，由二次测定之差求出镁含量。

Fe^{3+}、Al^{3+} 对测定有干扰，可加入三乙醇胺或 NaF、NH_4F 掩蔽。

水的硬度有多种表示方法，通常以水中 Ca、Mg 总量换算为 CaO 含量的方法表示，单位为 $mg \cdot L^{-1}$ 和(°)。水的总硬度 1°表示 1 L 水中含 1mg CaO。

3.7.3 仪器与试剂

仪器：酸式滴定管、移液管(20 mL)、容量瓶(100 mL)、锥形瓶(250 mL)、量筒、分析天平。

试剂：0.1 $mol \cdot L^{-1}$ EDTA 溶液、$MgSO_4 \cdot 7H_2O$(AR)、氨性缓冲溶液(pH = 10.0)(称取 6.8 g NH_4Cl 溶于 20 mL 水中，加入 57 mL 密度为 0.9 $g \cdot cm^{-3}$ 的浓氨水，用水稀释至 200 mL)、铬黑 T 指示剂(铬黑 T 与固体 NaCl 按 1∶100 的比例混合，研磨均匀备用)、6 $mol \cdot L^{-1}$ NaOH 溶液、钙指示剂(将 2 g 钙指示剂与 100 g NaCl 混合均匀备用)。

3.7.4 实验内容

(1)0.01 $mol \cdot L^{-1}$ EDTA 标准溶液的配制

用量筒量取 0.1 $mol \cdot L^{-1}$ EDTA 溶液 20 mL 于试剂瓶中，加水稀释至 200 mL，摇匀备用。

(2)EDTA 标准溶液的标定

用差减法准确称取分析纯 $MgSO_4 \cdot 7H_2O$ 0.5 g 左右于 50 mL 小烧杯中，用 20 mL 蒸馏水溶解后，定量转入 100 mL 容量瓶中，加蒸馏水定容至刻度，摇匀，计算其准确浓度。用移液管移取此溶液 20.00 mL 于锥形瓶中，加氨性缓冲液 5 mL、铬黑 T 指示剂 30 mg(约绿豆粒大小)，用待标定的 EDTA 溶液滴定至溶液由红色变为蓝色，即为终点。平行测定 3 次，3 次测定结果相对偏差不可大于 0.3%，否则须增加平行测定的次数。按下式计算 EDTA 溶液的准确浓度。

$$c(\mathrm{EDTA}) = \frac{c(\mathrm{Mg^{2+}}) \cdot V(\mathrm{Mg^{2+}})}{V(\mathrm{EDTA})}$$

式中，c(EDTA)为 EDTA 标准溶液的浓度($mol \cdot L^{-1}$)；$c(Mg^{2+})$为 Mg^{2+} 标准溶液的浓度($mol \cdot L^{-1}$)；$V(Mg^{2+})$为移取 Mg^{2+} 标准溶液的体积(mL)；V(EDTA)为滴定所消耗的 EDTA 溶液的体积(mL)。

(3)总硬度的测定

用 100 mL 移液管或者容量瓶量取 100 mL 水样于锥形瓶中，加氨性缓冲溶液 5 mL，铬黑 T 指示剂约 30 mg，用 EDTA 标准溶液滴定至溶液由红色变为蓝色即达终点，记录 EDTA 标准溶液的用量 V_1。平行测定 3 次。

(4) Ca^{2+}的测定

另取100 mL水样，加6 $mol \cdot L^{-1}$ NaOH溶液1.5 mL，钙指示剂约30 mg，用EDTA标准溶液滴定至溶液由红色变为纯蓝色，记录EDTA标准溶液用量V_2。平行测定3次，其相对偏差不可大于0.3%，否则须增加平行测定次数。按下式计算分析结果：

$$总硬度 = \frac{c(\mathrm{EDTA}) \cdot V_1 \cdot M(\mathrm{CaO})}{100} \times 1000(°)$$

$$\mathrm{Ca^{2+}}(\mathrm{mg \cdot L^{-1}}) = \frac{c(\mathrm{EDTA}) \cdot V_2 \cdot M(\mathrm{Ca})}{100} \times 1000$$

$$\mathrm{Mg^{2+}}(\mathrm{mg \cdot L^{-1}}) = \frac{c(\mathrm{EDTA}) \cdot (V_1 - V_2) \times M(\mathrm{Mg})}{100} \times 1000$$

思考题

1. 进行配位滴定时为什么要采用缓冲溶液？

2. EDTA二钠盐($Na_2H_2Y \cdot 2H_2O$)的水溶液是酸性还是碱性？其水溶液pH值约为多少？

3. 测定Ca^{2+}含量时，如何消除Mg^{2+}干扰？

3.8 $K_2Cr_2O_7$标准溶液的配制及亚铁盐中Fe含量的测定

3.8.1 实验目的

1. 掌握$K_2Cr_2O_7$标准溶液的配制方法。

2. 掌握$K_2Cr_2O_7$法测定亚铁盐中亚铁含量的原理、测定条件及氧化还原指示剂的应用。

3.8.2 实验原理

在强酸性溶液中重铬酸钾可定量氧化Fe^{2+}，本身被还原为绿色的Cr^{3+}，指示剂为二苯胺磺酸钠，滴定反应为：

$$6Fe^{2+} + Cr_2O_7^{2-} + 14H^+ = 6Fe^{3+} + 2Cr^{3+} + 7H_2O$$

由于滴定过程中生成的Fe^{3+}离子，影响终点的判断，故常加入H_3PO_4使之与Fe^{3+}离子结合生成稳定的无色配离子$[Fe(HPO_4)_2]^-$，消除Fe^{3+}颜色的干扰。同时，更重要的作用是降低了Fe^{3+}的浓度，从而降低了电对Fe^{3+}/Fe^{2+}的电极电位，滴定电位突跃范围增大，使$Cr_2O_7^{2-}$与Fe^{2+}之间的反应更完全，二苯胺磺酸钠指示剂变色范围全部落在突跃范围内，防止指示剂提前变色而产生较大滴定误差。

3.8.3 仪器与试剂

仪器：酸式滴定管、锥形瓶(250 mL)、小烧杯(100 mL)、试剂瓶(500 mL)、量筒、容量瓶(100 mL)、分析天平。

试剂：硫酸－磷酸混合酸(将150 mL浓H_2SO_4缓缓加入700 mL水中，冷却后加入150 mL 85% H_3PO_4，混匀)、分析纯$K_2Cr_2O_7$、$FeSO_4$样品、0.2%二苯胺磺酸钠指示剂。

3.8.4 实验内容

(1)$K_2Cr_2O_7$标准溶液的配制

准确称取烘干的$K_2Cr_2O_7$约0.6 g于小烧杯中，加30 mL左右蒸馏水使之溶解，定量转移至100 mL容量瓶中，加水定容至刻度，摇匀，计算其准确浓度。

(2)Fe^{2+}的测定

准确称取约0.6 g $FeSO_4$样品两份，分别置于已编号的两个250 mL锥形瓶中，加入15 mL H_2SO_4~H_3PO_4混合酸，加水20 mL，加入5~6滴0.2%二苯胺磺酸钠指示剂，立即用自配的$K_2Cr_2O_7$标准溶液滴定至溶液呈稳定紫色，即达到滴定终点。

计算公式：

$$c(K_2Cr_2O_7)=\frac{m(K_2Cr_2O_7)}{M(K_2Cr_2O_7)\cdot V(K_2Cr_2O_7)}\times 1000(mol\cdot L^{-1})$$

$$w(Fe)=\frac{6c(K_2Cr_2O_7)\cdot V(K_2Cr_2O_7)\cdot M(Fe)}{m_s}\times 100\%$$

注释：

在酸性溶液中，Fe^{2+}易被氧化，故加入硫酸－磷酸混合酸后，应立即滴定。

思考题

1. 用$K_2Cr_2O_7$测铁时，为什么要加入硫酸－磷酸的混合酸溶液？
2. 加有H_2SO_4的Fe^{2+}待测溶液在空气中放置1 h后再滴定，对测定结果有何影响？

3.9 $KMnO_4$标准溶液的配制与标定及过氧化氢含量的测定

3.9.1 实验目的

1. 了解$KMnO_4$的特性及$KMnO_4$溶液的配制方法。
2. 掌握$Na_2C_2O_4$标定$KMnO_4$溶液浓度的滴定条件及终点的判断。
3. 掌握$KMnO_4$法测定H_2O_2的原理。

3.9.2 实验原理

市售的高锰酸钾常含有少量杂质，如MnO_2、硫酸盐及硝酸盐等。$KMnO_4$氧化能力强，易与水中的有机物、空气中的还原性物质作用，$KMnO_4$还能自行分解：

$$4KMnO_4+2H_2O=\!=\!=4MnO_2+4KOH+3O_2(g)$$

Mn^{2+}和MnO_2的存在能加速其分解过程，见光则分解得更快。因此只能用间接配制

法配制 $KMnO_4$标准溶液。$KMnO_4$标准溶液用 $Na_2C_2O_4$作基准物质来标定，标定反应为：

$$2MnO_4^- + 5C_2O_4^{2-} + 16H^+ \xlongequal{} 2Mn^{2+} + 10CO_2(g) + 8H_2O$$

3.9.3 仪器与试剂

仪器：酸式滴定管、锥形瓶(250 mL)、小烧杯(100 mL)、试剂瓶(500 mL)、量筒、容量瓶(200 mL)、分析天平。

试剂：2 mol·L^{-1} $KMnO_4$溶液、$Na_2C_2O_4$(分析纯)、6 mol·L^{-1} H_2SO_4溶液、H_2O_2(30%)样品液、1 mol·L^{-1} $MnSO_4$溶液。

3.9.4 实验内容

(1)$KMnO_4$标准溶液的配制

①粗配　取2 mol·L^{-1} $KMnO_4$溶液20 mL置于试剂瓶中，加水稀释至200 mL。

②标定　准确称取0.15~0.20 g $Na_2C_2O_4$基准物质两份，分别置于两个250 mL锥形瓶中，加入40 mL蒸馏水使之溶解，加入10 mL 6 mol·L^{-1} H_2SO_4，在水浴上加热至75~85℃(即锥形瓶内开始冒大量水蒸气)，立即用 $KMnO_4$溶液滴定。开始滴定时反应速度很慢，第一滴溶液滴下待红色消失后再滴加第二滴，待溶液中产生 Mn^{2+}后，反应速度加快，滴定速度可适当加快，直到溶液呈微红色且30 s内不褪色即达终点。

根据 $m(Na_2C_2O_4)$和消耗的 $KMnO_4$的体积计算 $c(KMnO_4)$。

(2)H_2O_2含量的测定

用吸量管吸取1.00 mL 30% H_2O_2样品溶液置于200 mL容量瓶中，加水稀释至刻度，摇匀备用。用移液管移取20.00 mL H_2O_2稀释液置于250 mL锥形瓶中，加水20 mL，加10 mL 6 mol·L^{-1} H_2SO_4、3滴1 mol·L^{-1} $MnSO_4$溶液，用 $KMnO_4$标准溶液滴定至微红色且在30 s内不褪色即为终点。平行测定两次，相对相差应小于0.3%。

根据 $KMnO_4$溶液的物质的量浓度和滴定过程中消耗的 $KMnO_4$的体积，计算试样中 H_2O_2的质量浓度 $c(H_2O_2)$。

计算公式：

$$c(KMnO_4) = \frac{\frac{2}{5}m(Na_2C_2O_4)}{M(Na_2C_2O_4) \cdot V(KMnO_4)} \times 1000$$

$$\rho(H_2O_2) = \frac{\frac{5}{2}c(KMnO_4) \cdot V(KMnO_4) \cdot M(KMnO_4)}{1.00} \times \frac{200.00}{20.00}$$

注释：

室温下，$KMnO_4$与 $C_2O_4^{2-}$之间的反应速度缓慢，加热可加快反应速度。但温度又不能太高，如温度超过90℃则有部分 $H_2C_2O_4$分解(草酸钠遇酸生成草酸)：

$$H_2C_2O_4 \xlongequal{} CO_2(g) + CO(g) + H_2O$$

思考题

1. 用 $KMnO_4$法测定 H_2O_2时，能否用 HNO_3、HCl、HAc 控制酸度？为什么？
2. $KMnO_4$法中，为什么滴定速度过快会产生棕褐色沉淀？对测定结果有何影响？

3.10 沉淀滴定法测定可溶性氯化物中氯的含量

3.10.1 实验目的

1. 掌握沉淀滴定法测定可溶性氯化物中氯含量的原理。
2. 学会沉淀滴定法判断终点的方法。

3.10.2 实验原理

在中性或弱酸性溶液中，以 K_2CrO_4为指示剂，用 $AgNO_3$标准溶液直接滴定待测试液中的 Cl^-。主要反应如下：

$$Ag^+ + Cl^- = AgCl\downarrow \text{(白色)}$$

$$2Ag^+ + CrO_4^{2-} = Ag_2CrO_4\downarrow \text{(砖红色)}$$

由于 AgCl 的溶解度小于 Ag_2CrO_4，所以当 AgCl 定量沉淀后，微过量 Ag^+ 即与 CrO_4^{2-}形成砖红色的 Ag_2CrO_4沉淀，它与白色的 AgCl 一起使溶液略带橙红色即为终点。

3.10.3 仪器与试剂

仪器：酸式滴定管、容量瓶(100 mL)、锥形瓶(250 mL)、小烧杯(100 mL)。

试剂：食盐、$AgNO_3$(AR)、NaCl 优级纯(使用前在高温炉中于 500～600℃下干燥 2～3 h，贮于干燥器内备用)、K_2CrO_4溶液 50 g · L^{-1}。

3.10.4 实验内容

(1)0.10 mol · L^{-1} $AgNO_3$溶液配制

称取 $AgNO_3$晶体 3.4 g 于小烧杯中，用少量水溶解后，转入棕色试剂瓶中，稀释至 200 mL 左右，摇匀置于暗处、备用。

(2)0.10 mol · L^{-1} $AgNO_3$溶液浓度的标定

准确称取 0.55～0.60 g 基准试剂 NaCl 于小烧杯中，用水溶解完全后，定量转移到 100 mL 容量瓶中，稀释至刻度，摇匀。用移液管移取 20.00 mL 置于 250 mL 锥形瓶中，加 20 mL 水，1 mL 50 g · L^{-1} K_2CrO_4溶液，在不断摇动下，用 $AgNO_3$溶液滴定至溶液呈砖红色即为终点。平行测定 3 次，计算出 $AgNO_3$溶液的平均用量，然后按下式计算溶液的浓度。

$$c(AgNO_3) = \frac{m(NaCl) \times \dfrac{20.00}{100.0} \times 1000}{M(NaCl) \cdot V(AgNO_3)}$$

(3)试样中氯化物含量的测定

准确称取含氯试样(如食盐)1.2~1.3 g于250 mL锥形瓶中(试样用量根据样品中氯含量的高低适当增减)，加20 mL蒸馏水溶解后，加入1 mL 50 g·L^{-1} K_2CrO_4溶液，在不断摇动下，用标准溶液滴定至溶液呈砖红色即为终点。根据试样质量，标准溶液的浓度和滴定中消耗的体积，计算试样中氯含量。

$$w(Cl^-)=\frac{c(AgNO_3)\cdot V(AgNO_3)\cdot M(Cl^-)}{m_s}$$

必要时进行空白测定，即取20.00 mL蒸馏水按上述同样操作测定，计算时应扣除空白测定所耗标准溶液之体积。

注释：

[1]最适宜的pH值范围为6.5~10.5；若有铵盐存在，为了避免$Ag(NH_3)_2^+$生成，溶液pH值范围应控制在6.5~7.2为宜。

[2]AgCl见光析出金属银($2AgNO_3 \xrightarrow{光} 2Ag+NO_2+O_2$)，故需保存在棕色瓶中；若与有机物接触，则起还原作用，加热颜色变黑，故勿使与$AgNO_3$皮肤接触。

[3]实验结束后，盛装$AgNO_3$溶液的滴定管应先用蒸馏水冲洗2~3次，再用自来水冲洗，以免产生AgCl沉淀，难以洗净。含银废液应予以回收，绝不能随意倒入水槽。

思考题

1. 为什么配制好的$AgNO_3$溶液要贮于棕色瓶中，并置于暗处？
2. 做空白测定有何意义？K_2CrO_4溶液的浓度大小或用量多少对测定结果有何影响？
3. 能否用该方法以NaCl标准溶液直接滴定Ag^+？为什么？

3.11　含碘盐中碘含量的测定

3.11.1　实验目的

1. 掌握含碘食盐中碘含量的测定原理和方法。
2. 进一步掌握$Na_2S_2O_3$标准溶液的配制及标定方法。

3.11.2　实验原理

碘是人类必需元素之一，缺碘会导致人的一系列疾病的产生，如出现智力下降、甲状腺肿大等。因而在人们的日常生活中，每天摄入一定量的碘是很有必要的，将碘加入食盐中是一种有效的补碘方法。含碘盐中碘含量一般为20~50 mg·kg^{-1}。

含碘盐中加入的碘通常为KI或KIO_3，其测定原理为：在酸性溶液中I^-经Br_2氧化为IO_3^-，过量的Br_2用HCOONa除去。加入过量的KI使IO_3^-将其氧化析出I_2，然后用$Na_2S_2O_3$标准溶液滴定，测定食盐中碘含量(以I^-计算)，其反应式如下：

$$I^-+3Br_2+3H_2O = IO_3^-+6H^++6Br^-$$

$$Br_2 + HCOO^- + H_2O = CO_3^{2-} + 3H^+ + 2Br^-$$

$$IO_3^- + 5I^- + 6H^+ = 3I_2 + 3H_2O$$

$$I_2 + 2S_2O_3^{2-} = 2I^- + S_4O_6^{2-}$$

3.11.3 仪器与试剂

仪器：碱式滴定管、碘量瓶(250 mL)、量筒(10 mL)、容量瓶(1000 mL)移液管(20 mL)。

试剂：0.0003 mol · L^{-1} KIO_3标准溶液、$Na_2S_2O_3 \cdot 5H_2O$、Na_2CO_3固体、1 mol · L^{-1}HCl、Br_2水饱和溶液、10% HCOONa 溶液、5% KI 溶液、0.5% 淀粉溶液(用时新配)。

3.11.4 实验内容

(1)0.002 mol · $L^{-1}$$Na_2S_2O_3$标准溶液的配制与标定

称取 5 g $Na_2S_2O_3 \cdot 5H_2O$ 溶解于无 CO_2 的 1000 mL 水中，储于棕色瓶中，静置 1 周后取上层清液 200 mL 于棕色瓶中，加入 0.2 g $Na_2S_2O_3$ 溶解后，用无 CO_2 水稀释至 2000 mL。取 10.00 mL 0.0003 mol · L^{-1} KIO_3 标准溶液于 250 mL 碘量瓶中，加 90 mL H_2O、2 mL 1 mol · L^{-1} HCl，摇匀后加入 5 mL 5 % KI，立即用 $Na_2S_2O_3$ 标准溶液滴定，至溶液呈浅黄色时，加 5 mL 0.5% 淀粉溶液，继续滴定至蓝色恰好消失为止，记录消耗 $Na_2S_2O_3$ 标准溶液的体积，则 $Na_2S_2O_3$ 标准溶液对 I^- 的滴定度：

$$T\left(\frac{Na_2S_2O_3}{I^-}\right) = \frac{c(KIO_3) \times 10.00 \times M(I^-)}{V(Na_2S_2O_3) \times 1000}$$

(2)食盐中碘含量的测定

称取 10 g 加碘食盐，置于 250 mL 碘量瓶中，加 100 mL 蒸馏水溶解，加 2 mL 1 mol · L^{-1} HCl 和 2 mL Br_2水饱和溶液，混匀，放置 5 min，在摇动下加入 5 mL 10% HCOONa 水溶液[1]，放置 5min 后加 5 mL 5% KI 溶液，静置约 10 min，用 $Na_2S_2O_3$标准溶液滴定至溶液呈浅黄色时，加 5 mL 0.5% 淀粉溶液，继续滴定至蓝色恰好消失为止，记录消耗 $Na_2S_2O_3$标准溶液的体积。平行测定 2~3 次，计算样品中碘的含量。

$$w(I^-) = \frac{T(Na_2S_2O_3/I^-) \times V(Na_2S_2O_3)}{m_s(\text{食盐})}$$

注释：

[1]可用 2 g 水杨酸固体代替 5 mL 10% HCOONa 水溶液，除去多余的 Br_2。

思考题

1. 本实验滴定为何要用碘量瓶？使用碘量瓶应注意什么事项？
2. 淀粉指示剂为什么不能在滴定前加入？

3.12 磺基水杨酸分光光度法测定铁

3.12.1 实验目的

1. 掌握测定试样中微量铁的原理和方法。
2. 学会使用分光光度计。
3. 掌握数据处理方法。

3.12.2 实验原理

用分光光度法测定样品中的微量铁，可选用的显色剂有邻二氮菲、磺基水杨酸、硫氰酸盐等，其中磺基水杨酸是一种较好的显色剂。磺基水杨酸（$C_6H_3SO_3H \cdot OH \cdot COOH$）与 Fe^{3+} 在 pH 8～11.5 的氨性溶液中发生下列反应，生成黄色的三磺基水杨酸合铁配合物。

$$Fe^{3+} + 3\,C_6H_3(COOH)(OH)(HSO_3) = [Fe(C_6H_3(COO^-)(O^-)(HSO_3))_3]^{3-} + 6H^+$$

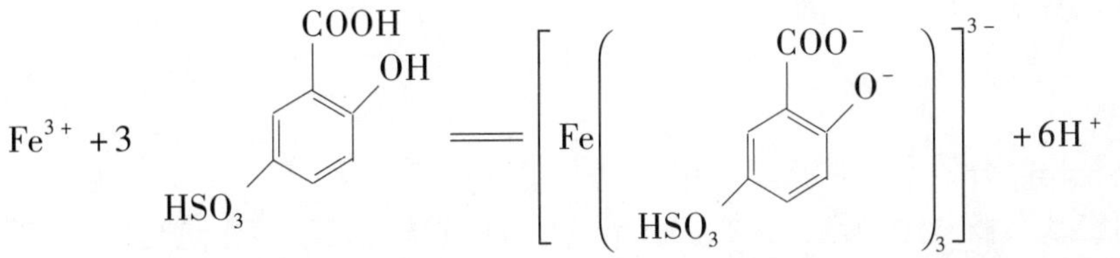

该反应对显色条件要求不十分严格，生成的三磺基水杨酸合铁配合物也很稳定。F^-、NO_3^-、PO_4^{3-} 等离子不影响测定，Al^{3+}、Ca^{2+}、Mg^{2+} 等离子与磺基水杨酸生成的配合物无色，因而对测定结果不会形成干扰。如果存在大量的 Cu^{2+}、Co^{2+}、Ni^{2+}、Cr^{3+} 等离子，则会影响测定，应加以掩蔽或预先分离。

由于反应在碱性介质中，Fe^{2+} 易被氧化，所以采用本法测定的是溶液中铁的总含量。

三磺基水杨酸铁配合物的最大吸收波长为 420 nm，摩尔吸光系数 $\varepsilon_{420} = 5.8 \times 10^3$ $L \cdot mol^{-1} \cdot cm^{-1}$。

3.12.3 仪器与试剂

仪器：721 型分光光度计或其他型号的分光光度计、吸量管（5 mL）、容量瓶（50 mL）。

试剂：10%磺基水杨酸水溶液（贮于棕色瓶中）、氨水（1∶10）、NH_4Cl（10%）、铁标准溶液（0.0500 $mg \cdot mL^{-1}$）[配制方法：准确称取 0.1080 g 分析纯硫酸铁铵［$NH_4Fe(SO_4)_2 \cdot 12H_2O$］于小烧杯中，加少量去离子水溶解，然后加入 8 mL 3 $mol \cdot L^{-1}$ H_2SO_4，转入 250 mL 容量瓶中定容，摇匀，备用]。

3.12.4 实验内容

（1）标准曲线绘制

取 50 mL 容量瓶 6 个，洗净并编号。用 5 mL 吸量管吸取 0.00，1.00，2.00，3.00，

4.00，5.00 mL铁标准溶液，分别置于6个容量瓶中，然后各加入4 mL NH_4Cl、2.00 mL磺基水杨酸，再分别滴加1:10氨水至溶液变黄色后，再多加4 mL，初步混匀。用去离子水稀释至刻度，充分摇匀。用2 cm吸收池，以试剂空白溶液为参比溶液，选择420 nm波长，分别测定各溶液的吸光度，记录数据如下：

编号	0	1	2	3	4	5
$Fe^{3+}/(mg \cdot mL^{-1})$						
A						

以铁标准溶液的浓度为横坐标，吸光度为纵坐标，绘制标准曲线。

(2)测定试样中含铁量

吸取铁试液3.00 mL两份于两个洁净的50 mL容量瓶中，与标准溶液同样条件下显色、定容，测其吸光度。

此步操作要求与标准曲线绘制同时进行。

依据试液的A值，从标准曲线上即可查出其含量。最后计算出原试液中含铁量。

思考题

1. 分光光度分析中为什么要采用单色光？
2. 用磺基水杨酸法测铁为什么需在pH 8～11.5的氨性溶液中进行？

3.13 分光光度法测磷

3.13.1 实验目的

1. 掌握分光光度法测磷的原理与方法。
2. 掌握分光光度计的使用方法。

3.13.2 实验原理

生物体、土壤及水体中低含量磷的测定，常采用磷钼蓝分光光度法。固体样品先经适当处理(如湿法或干法消化)转化成试液，试液中的磷在酸性条件下与钼酸铵作用，生成淡黄色的磷钼黄：

$$H_3PO_4 + 12(NH_4)_2MoO_4 + 21HCl = (NH_4)_3PO_4 \cdot 12MoO_3 + 21NH_4Cl + 12H_2O$$

加入适当还原剂如抗坏血酸－氯化亚锡联合还原，将磷钼黄还原成颜色更深的$[(Mo_2O_5 \cdot 4MoO_3)_2 \cdot H_3PO_3]$，进一步提高测定的灵敏度。

磷钼蓝的最大吸收波长为660 nm，在一定浓度范围内吸光度与试液中磷含量成正比，可用分光光度计测定其吸光度，通过标准曲线法进行定量分析。

3.13.3 仪器与试剂

仪器：722型分光光度计或其他型号分光光度计、50 mL容量瓶(7只)、5 mL吸量管(3支)、10 mL吸量管(1支)。

试剂:

①4%钼酸铵盐酸溶液 称取4.0 g钼酸铵溶于60 mL浓H_2SO_4中、加入40 mL蒸馏水、摇匀。

②2%抗坏血酸溶液 称取0.2 g抗坏血酸溶于100 mL蒸馏水中。

③0.5% $SnCl_2$溶液 称取0.2 g颗粒状$SnCl_2$(粉末状,说明已被氧化),溶于15 mL浓HCl中,再加蒸馏水25 mL,摇匀后加几粒金属锡,贮于棕色瓶中。此液只能保存一周。

④磷标准溶液 准确称取110℃烘干的分析纯磷酸二氢钾0.2195 g溶于30 mL蒸馏水中,转入250 mL容量瓶中,用蒸馏水定容后摇匀,此液含磷200 $mg \cdot L^{-1}$。用吸量管吸取上述溶液10.00 mL放入200 mL容量瓶中,用蒸馏水定容后摇匀,即得磷含量为10.0 $mg \cdot L^{-1}$的标准溶液。

3.13.4 实验内容

(1)标准曲线的制作

用吸量管吸取10.0 $mg \cdot L^{-1}$的磷标准溶液0.00,1.00,3.00,5.00,7.00和9.00 mL,分别置于编号为1~6号的6只50 mL容量瓶中,各瓶均加入5.0 mL蒸馏水、10滴2%抗坏血酸和5.0 mL 4%钼酸铵盐酸溶液,放置5 min后,再加入5滴0.5% $SnCl_2$,用蒸馏水定容、摇匀,并计算各瓶中磷的浓度。以1号瓶中溶液为参比,在λ = 660 nm处用1 cm比色皿测定2~6号瓶中溶液的吸光度,以浓度为横坐标、吸光度为纵坐标绘制标准曲线。

(2)未知磷试液的测定

用吸量管吸取未知磷试液5.00 mL,置于50 mL容量瓶中,按步骤1中方法显色、测定其吸光度,从标准曲线上查出相应的磷含量,按下式计算未知磷试液中的磷含量:

$$未知试液磷含量(mg \cdot L^{-1}) = B \times \kappa$$

式中,B为标准曲线查出的磷含量($mg \cdot L^{-1}$);κ为未知试液稀释倍数,此处κ = 50/5。

思考题

1. 分光光度法的定量基础是什么?
2. 722型分光光度计由哪几大部件构成?
3. 为了使测量误差较小,吸光度应控制在什么范围?如何控制?

3.14 荧光光度法分析测定维生素B_2的含量

3.14.1 实验目的

1. 了解荧光光度法的原理,学习和掌握荧光光度法测定维生素的分析方法。

2. 了解荧光分光光度计的主要结构、性能和使用方法。

3.14.2 实验原理

有些物质在紫外光或者波长较短的可见光照射后，会发射出比入射光波长更长的荧光。荧光光度分析法就是以测量这种荧光的强度和波长为基础的一种仪器分析方法。

对于给定的物质，如果 $alc \ll 0.05$，也就是对于浓度很稀的溶液，溶液中的荧光物质所发射的荧光强度与该物质的浓度有以下关系：

$$F = 2.3\Phi_f I_0 alc$$

式中，F 表示荧光强度；Φ_f表示荧光过程的量子效率；I_0为入射光强度；a 为荧光分子的吸收系数；l 为试液的吸收光程；c 为该物质的浓度。

若在实验过程中，不改变入射光强度 I_0和试液的吸收光程 l，则：

$$F = Kc$$

式中，K 为常数。因此，在低浓度的情况下，荧光物质的荧光强度和浓度呈线性关系，这就是荧光光度法进行定量分析的依据。

维生素 B_2又称核黄素，溶于水。在 1% HAc 溶液中是一个强荧光物质，在 430～440 nm波长范围的蓝色光照射，能发出绿色荧光。通过实验确定它的最佳激发波长为 440 nm，所发射荧光的峰值波长为 535 nm。在中性和酸性溶液中，对热稳定，在碱性溶液中(pH≥11)较易被破坏。

荧光光度法实验首先选择合适的滤光片，包括激发滤光片和荧光滤光片。基本原则是使测量获得最强荧光，且受背景影响最小。选择激发滤光片的依据是激发光谱，所选滤光片的最大透射比与待测物质激发光谱的最大峰值波长相近。荧光物质的激发光谱是指在荧光最强的波长处，改变激发光波长测量荧光强度的变化，用荧光强度对激发光波长作图所得的图谱。选择荧光滤光片的主要依据是荧光光谱。它是将激发波长固定在最

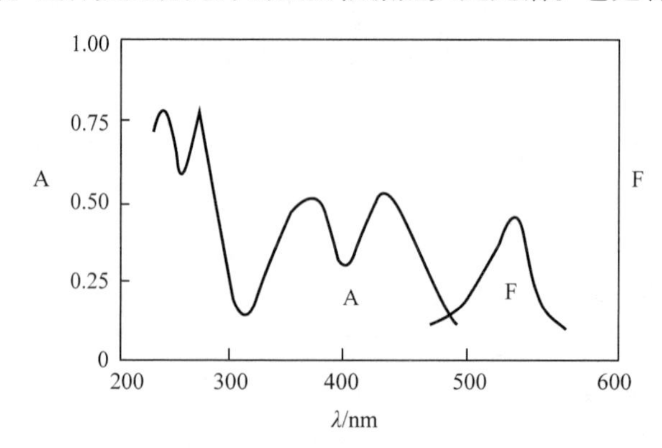

图 3-12 维生素 B_2的激发光谱和荧光光谱示意图

A. 激发光谱 F. 荧光光谱

大波长处，然后扫描发射波长，测定不同波长处的荧光强度即得荧光光谱或称作发射光谱。图 3-12 为维生素 B_2的激发光谱和荧光光谱示意图。

本实验采用标准工作曲线法，即以已知准确量的标准物质，经过和试样同样处理后，配制一系列标准溶液，在荧光光度计上测定这些溶液的荧光后，以荧光强度为纵坐标，标准系列溶液的浓度为横坐标绘制标准工作曲线，再根据试样溶液的荧光强度，在标准工作曲线上查出试样中荧光物质的含量。

3.14.3 仪器与试剂

仪器：970CRT荧光分光光度计（或其他型号）、石英吸收皿、吸量管(5 mL)、分析天平，容量瓶(50 mL、1000 mL)、棕色试剂瓶(500 mL)、烧杯(100 mL)。

试剂：维生素 B_2（生化试剂）、1% HAc 、1 mol · L^{-1}HCl、1 mol · L^{-1}NaOH；10.00 mg · L^{-1}维生素 B_2标准溶液（准确称取10.0 mg的维生素 B_2于小烧杯中，加入少量的1% HAc溶液，使之溶解后，转移到1000 mL容量瓶中，用1% HAc溶液定容至刻度，摇匀。该溶液应装于棕色试剂瓶中，置于冰箱中保存）。

3.14.4 实验内容

（1）标准系列溶液的配制

在5个洁净的50 mL容量瓶中，依次分别加入1.00，2.00，3.00，4.00，5.00 mL的10.00 mg · L^{-1}维生素 B_2标准溶液，用1% HAc溶液准确定容至刻度，摇匀。

（2）样品溶液的配制

取市售的维生素 B_2一片，研磨成粉末后，置于小烧杯中，加入少量1% HAc溶液溶解，转移到1000 mL的容量瓶中，用1% HAc溶液准确定容至刻度，摇匀。装于棕色试剂瓶中，置于冰箱中保存。

本实验方法也适合于测定粮食、绿色蔬菜、果品、豆类等脂肪含量少的样品。具体的处理方法是：准确称取一定质量含维生素 B_2的均匀样品，于250 mL锥形瓶中，加入20 mL 1 mol · L^{-1}HCl和30 mL蒸馏水，在沸水浴中加热1 h。样品冷却后，在不断摇动下滴加1 mol · L^{-1}NaOH溶液，调节pH值为6，在用稀HCl溶液调节pH值至4.5，过滤，用蒸馏水洗涤样品，洗涤液和过滤液合并，定量转移到100 mL容量瓶中，用蒸馏水定容至刻度，摇匀。待上机测定。

（3）标准溶液的测定

①绘制激发光谱和荧光光谱　首先进行参数的设定，然后选择上述标准系列溶液之一，在设定的波长范围内，即：以荧光最强的波长 $\lambda = 535$ nm，在400～700 nm波长范围内扫描激发光谱；以最大激发波长 $\lambda = 430$ nm和440 nm，在400～700 nm波长范围内扫描荧光光谱，并分别找出最佳激发波长和荧光发射波长。

②绘制标准工作曲线　将激发波长固定在最佳波长处(440 nm)，发射波长也固定在最佳波长(535 nm)，用1% HAc溶液做参比，按照由稀到浓的顺序依次测定上述5个标准系列溶液的荧光强度。以标准系列溶液的浓度为横坐标，以相应的荧光强度为纵坐标绘制 $F-c$ 标准工作曲线。

(4)试样溶液的测定

取待测溶液2.5 mL置于50 mL容量瓶中，用1% HAc溶液定容至刻度，摇匀。在与标准系列溶液相同的条件下，测量待测溶液的荧光强度。或者在970CRT荧光分光光度计上，打开“浓度测量”项中的绘制标准工作曲线，直接测量其浓度。

3.14.5 数据处理

①用标准系列溶液的荧光强度在方格坐标纸上绘制标准工作曲线。

②根据待测液的荧光强度，从标准工作曲线查出相应的待测液中维生素 B_2 的浓度。

③根据样品处理过程和样品溶液的稀释倍数，求出药片或其他样品中维生素 B_2 的含量。

注释(使用970CRT荧光分光光度计)：

[1]氙灯使用寿命200h，超过400h必须换灯，因此，在使用过程中应记录好氙灯的使用时间。

[2]仪器开机后需要预热30 min后才可做样品分析，测得的结果比较稳定。

[3]在扫描测定时，定性分析可选用快速，定量分析可选用慢速，精确度比较高。

[4]使用石英皿时，应手持其棱，不能接触光面。用毕，将其清洗干净，若被污染，可用稀的 $K_2Cr_2O_7$ 溶液清洗。

思考题

1. 为什么测量荧光和激发光的方向成直角？
2. 如何绘制激发光谱和荧光光谱？
3. 简述荧光光度法的基本原理。

第 4 章　综合实验及自行设计实验

综合实验是把物质的制备(或天然产物的提取)、分离、提纯、有关的物理常数及杂质含量的测定、物质的化学性质、物质组成的确定等单一实验内容归纳在一起的实验。这些实验将教学大纲所要求的基本技能融合于同一个实验中，把过去单一进行的操作训练有机地组合起来，贯穿于解决实际问题中，具有较强的连续性和综合性。这部分实验要求在教师指导下，由学生独立完成。通过综合实验的实践，在获得全面训练的学习过程中，除了继续巩固基本操作、基本技术外，学生的思维也形成连续过程。一方面有助于对实验化学课程的教学内容、教学手段有一个全面的了解和掌握；另一方面加强对学生进行各种基本操作技能的综合性训练与动手能力的培养。

自行设计实验是在选定某题目后，在教师指导下，学生自己查阅有关文献资料，运用所学的理论知识和实验技术，独立设计实验方案，完成包括实验目的、实验原理、实验仪器与药品、操作步骤、实验报告格式等一整套方案的制订。实验方案确定后，经指导教师审核或讨论，进一步完善，然后由学生独立完成全部实验内容。实验完成后，学生根据所得的实验结果写出实验报告。教师根据学生的理论知识、设计水平、操作技能的高低及实验数据误差的大小，按照评分标准认真评定学生的成绩，作为考核学生综合能力的依据之一。实验设计是一项带创造性的工作，需以有关的基础理论知识为指导，并通过实验来验证理论。自行设计实验的完成，既可培养学生查阅文献资料、独立思考、独立实践的能力，又可以提高学生分析问题和解决问题的综合能力。学生设计实验时要考虑实验室的具体条件，所拟订的方案应切实可行。

综合实验和自行设计实验是大学基础化学实验的最后阶段，实验有一定的难度，因此，必须投入一定的时间和精力，需要周密思考，灵活应用已掌握的化学知识，用主动、积极的学习态度来获得培养能力的最佳效果。

4.1　食醋中总酸量的测定

4.1.1　实验目的

1. 进一步掌握滴定管、容量瓶、移液管的操作方法。
2. 掌握食醋中总酸量测定的原理和方法。
3. 掌握指示剂的选择原则。

4.1.2　实验原理

食醋中的主要成分为醋酸(约含 3% ~5%)，此外还含有少量其他有机酸，如乳酸。它们与 NaOH 溶液的反应为：

$$NaOH + HAc \xlongequal{} NaAc + H_2O$$
$$nNaOH + H_nA \xlongequal{} Na_nA + nH_2O$$

NaOH 标准溶液滴定时，一般只要弱酸电离平衡常数 $K_a^\ominus > 1.0 \times 10^{-7}$，就可被 NaOH 直接滴定，测出的是总酸量。其测量结果用含量最高的 HAc 表示。由于是强碱滴定弱酸，理论终点产物为弱酸强碱盐，水解后溶液呈碱性，理论终点的 pH 值为 8.7 左右，故应选择在碱性范围内变色的指示剂，通常选用酚酞作指示剂。

4.1.3 仪器与试剂

仪器：碱式滴定管、锥形瓶(250 mL)、小烧杯(100 mL)、试剂瓶(500 mL)、量筒、容量瓶(100 mL)、移液管(10、20 mL)、分析天平。

试剂：NaOH($0.1 mol \cdot L^{-1}$)、食用白醋、酚酞。

4.1.4 实验内容

(1) NaOH 标准溶液的配制与标定

参见第 3 章 3.5。

(2) 食醋中总酸量的测定

用移液管移取瓶装白醋试样 10.00 mL 于 100.0 mL 容量瓶中，用无 CO_2 蒸馏水稀释、定容、摇匀。用移液管移取食醋稀释液 20.00 mL 于 250 mL 锥形瓶中，加 2 滴酚酞指示剂，用 NaOH 标准溶液滴定至溶液由无色变为微红色，30 s 内不褪色即为终点，记录消耗 NaOH 的体积(平行测定 3 次，相对平均偏差应小于 0.2%)。根据 NaOH 标准溶液的浓度和滴定时消耗的体积(V)，可计算食醋的总酸量 $c(HAc)$(单位为 $g \cdot L^{-1}$)。

$$c(HAc) = \frac{c(NaOH) \cdot V(NaOH) \cdot m(HAc)}{V(HAc)} \times 稀释倍数$$

注释：

食醋中 HAc 浓度较大，并且颜色较深时，必须稀释后再测定。食醋中颜色较深时，经稀释或活性炭脱色后，颜色仍明显时，则终点无法判断。稀释食醋的蒸馏水必须经过煮沸，除去 CO_2。

思考题

1. 测定醋酸含量时，为什么不能用含有 CO_2 的蒸馏水？若含有 CO_2，结果会怎样？
2. 测定醋酸含量为什么选用酚酞作指示剂，而不用甲基橙或甲基红作指示剂？

4.2 高锰酸钾法测钙

4.2.1 实验目的

1. 掌握高锰酸钾测定钙盐的原理和方法。
2. 学习用间接滴定法测定物质中组分含量的方法。

4.2.2 实验原理

利用过量的草酸或草酸盐，将溶液中的钙离子完全沉淀为CaC_2O_4，经过滤、洗涤除去剩余的草酸根后，将CaC_2O_4沉淀溶解在硫酸溶液中。

$$CaC_2O_4 + 2H^+ \xlongequal{} Ca^{2+} + H_2C_2O_4$$

用高锰酸钾溶液滴定生成的$H_2C_2O_4$，反应如下：

$$2MnO_4^- + 5C_2O_4^{2-} + 16H^+ \xlongequal{} 2Mn^{2+} + 10CO_2 + 8H_2O$$

由高锰酸钾溶液的浓度和用量可计算出钙的含量。

4.2.3 仪器与试剂

仪器：酸式滴定管、烧杯(250 mL)、量筒、漏斗、滤纸、漏斗架。

试剂：$(NH_4)_2C_2O_4$溶液(0.25 mol·L^{-1})、0.1% $(NH_4)_2C_2O_4$溶液、$CaCl_2$溶液(0.5 mol·L^{-1})、HCl(6 mol·L^{-1})、10% H_2SO_4、5%氨水、0.1%甲基红、$AgNO_3$(0.1 mol·L^{-1})、钙盐样品（石灰石粉末）、$KMnO_4$标准溶液(0.02 mol·L^{-1})。

4.2.4 实验内容

(1)取样和沉淀

在分析天平上准确称取钙盐样品(本实验中样品选用石灰石粉末)0.2～0.3 g两份，分别放入250 mL烧杯中，用蒸馏水润湿后，小心加入10 mL 6 mol·L^{-1} HCl溶液使钙盐样品全部溶解，加入20 mL蒸馏水。再加入35 mL 0.25 mol·L^{-1} $(NH_4)_2C_2O_4$溶液，用水稀释至100 mL，加几滴甲基红指示剂，加热至75～85℃，然后在不断搅拌下，以每秒钟1～2滴的速度滴加5%氨水至溶液由红色恰好变为橙色为止(pH = 4.5～5.5)，这时CaC_2O_4的白色沉淀[1]徐徐生成。

继续在水浴上加热30 min，同时用玻棒搅拌(如果把溶液放置过夜使沉淀陈化，则溶液不必放在水浴中加热)。

(2)过滤和洗涤

陈化后的沉淀用倾析法在紧密的滤纸上过滤(本实验最终在烧杯中滴定，CaC_2O_4沉淀只要求洗净，所以过滤和洗涤都用倾斜法，应将沉淀保留在烧杯中，而尽可能少的转移到滤纸上，以加快沉淀的过滤和洗涤，避免沉淀转移带来的损失)。过滤完毕后，先用0.1%的$(NH_4)_2C_2O_4$溶液洗涤沉淀3～4次(每次约10 mL)，再用蒸馏水洗涤，一直洗到(3～4次，每次约10 mL)[2]滤液中无$C_2O_4^{2-}$为止(用$CaCl_2$检验，用洁净的表面皿接少许滤液，加数滴0.5 mol·L^{-1} $CaCl_2$溶液，无白色CaC_2O_4沉淀生成即可)。

(3)沉淀溶解和滴定

沉淀洗涤后，将带有沉淀的滤纸用玻棒转移至先前进行沉淀的烧杯中，加入50 mL 10% H_2SO_4，搅拌使沉淀溶解，加50 mL水稀释，将溶液加热至75～85℃，用高锰酸钾标准溶液滴定至微红色，在30 s内不消失即为终点。计算Ca的含量。

$$w(\mathrm{Ca})=\frac{\frac{5}{2}c(\mathrm{KMnO_4})\cdot V(\mathrm{KMnO_4})\cdot m(\mathrm{Ca})}{m_s}\times 100\%$$

式中，m_s为样品质量。

注释：

[1]测定过程中沉淀步骤非常重要，得到的沉淀必须是溶解度小、纯净、结构好(粗晶型沉淀)。这样才能减小溶解的损失、杂质的干扰，易于过滤洗涤，从而得到准确的分析结果。

[2]沉淀步骤应注意的问题：

①沉淀应在稀溶液中进行，因为此时溶液过饱和度较小，易于得到颗粒大的晶型沉淀，同时杂质浓度也较小，沉淀对杂质吸附较少，故所得沉淀较纯净。加入沉淀剂要慢，并不断搅拌，以免局部过浓(最后过量的沉淀剂则可以较快加入)。慢加沉淀剂可使 CaC_2O_4缓慢沉淀，形成较大晶粒。

②沉淀作用应该在热溶液中进行，因为热溶液中可以减少杂质吸附，加热有利于解吸，同时在热溶液中，沉淀的过饱和度小，易生成颗粒粗大的晶体，因而沉淀比较纯净，而且结构好。

③控制 H^+离子浓度，难溶弱酸盐 CaC_2O_4的溶解度和溶液中 H^+离子浓度有关，应适当降低 H^+浓度，使沉淀完全。

④沉淀作用完毕后应该进行陈化，或者在水浴上加热 1 ~2 h，并不断搅拌，或者室温放置过夜。陈化过程是使微小的晶体逐渐溶解，粗大的晶体更为长大的过程。在这一过程中杂质可以部分地被逐出，结晶形状变得更加纯净。

⑤经过陈化的沉淀要进行过滤洗涤，要用“倾析法”过滤，用沉淀剂洗涤，对溶解度较大的 CaC_2O_4沉淀要用冷洗涤液洗涤，洗涤剂要少量多次。

思考题

1. 用 $KMnO_4$滴定草酸过程中，加酸和加热对控制滴定速度有何意义？

2. 在沉淀过程中加过量沉淀剂的作用是什么？一般控制沉淀剂过量 30% ~50%，过量太多时沉淀的生成又会有什么影响？

4.3 水中化学耗氧量(COD)的测定

4.3.1 实验目的

1. 了解测定水中化学耗氧量的意义。
2. 掌握水中化学耗氧量的测定方法。

4.3.2 实验原理

水中化学耗氧量(COD)是指在一定条件下，每升水体中易被强氧化剂氧化的还原性物质所消耗的氧化剂的量，换算成氧的量，用 $\rho(O_2)$ /mg · dm^3 表示。

水体中还原性物质主要是有机物质及 NO_2^-、S^{2-}、SO_3^{2-}、Fe^{2+}等无机物质。有机物质影响水质的颜色、味道，并有利于细菌繁殖，容易引起疾病传染。所以，水中化学耗氧量(COD)是环境水质标准及废水排放标准的控制项目之一，是衡量水体受还原性物质污染程度的综合性指标。

水中化学耗氧量的测定，常采用酸性高锰酸钾法，该方法简便快速，适合于测定河水、地面水等污染不十分严重的水质。工业污水及生活污水中含有成分复杂的污染物，则宜用重铬酸钾法。

本实验介绍酸性高锰酸钾法。

在酸性条件下，向水样中加入一定量高锰酸钾标准溶液，加热煮沸促使其氧化。待反应完全后，加入过量的 $Na_2C_2O_4$标准溶液，还原过剩的 $KMnO_4$溶液，剩余的 $Na_2C_2O_4$溶液，用 $KMnO_4$标准溶液返滴定。反应式如下：

$$4KMnO_4 + 6H_2SO_4 + 5C \longequal 2K_2SO_4 + 4MnSO_4 + 5CO_2(g) + 6H_2O$$

$$2MnO_4^- + 5C_2O_4^{2-} + 16H^+ \longequal 8H_2O + 8Mn^{2+} + 10CO_2(g)$$

根据 $Na_2C_2O_4$ 标准溶液和 $KMnO_4$ 标准溶液的消耗量按下式计算出水中耗氧量 $\rho_{O_2}/mg \cdot L^{-1}$。

$$\rho(O_2) = \frac{\frac{5}{4}\{c(KMnO_4) \times [V_1(KMnO_4) + V_2(KMnO_4)] - \frac{2}{5}[c(Na_2C_2O_4)] \times V(Na_2C_2O_4)\} \times m(O_2)}{V(\text{水样})} \times 1000$$

4.3.3　仪器与试剂

仪器：酸式滴定管、移液管(20 mL)、容量瓶(200、500 mL)、锥形瓶(250 mL)、电炉、分析天平、台秤。

试剂：$Na_2C_2O_4$(S)(AR)、H_2SO_4(3 $mol \cdot L^{-1}$)、$KMnO_4$标准溶液(0.02 $mol \cdot L^{-1}$)。

4.3.4　实验内容

(1)0.002 $mol \cdot L^{-1}$ $KMnO_4$标准溶液的配制

将0.02 $mol \cdot L^{-1}$ $KMnO_4$标准溶液准确移出20.00 mL于200 mL容量瓶中，加蒸馏水稀释至刻度，摇匀，待用。

(2)0.005 $mol \cdot L^{-1}$ $Na_2C_2O_4$标准溶液的配制

将 $Na_2C_2O_4$置于100～105℃下干燥2 h。准确称取0.3400 g $Na_2C_2O_4$于小烧杯中，加入约30 mL蒸馏水溶解后，定量转入500 mL容量瓶中，加水稀释至刻度，充分摇匀备用。

(3)COD的测定

准确移取50.00 mL水样于锥形瓶中，加入8 mL 3 $mol \cdot L^{-1}$ H_2SO_4，再由滴定管放入0.002 $mol \cdot L^{-1}$ $KMnO_4$标准溶液5.00 mL，在电炉上立即加热至沸，从冒出第一个大气泡开始记时，准确煮沸10 min，取下锥形瓶，冷却1 min后，准确加入5.00 mL 0.005 $mol \cdot L^{-1}$ $Na_2C_2O_4$标准溶液，摇匀，此时溶液应由红色转为无色。再用0.002 $mol \cdot L^{-1}$ $KMnO_4$标准溶液滴定至由无色变为粉红色且在30 s之内不褪色为止。记下消耗 $KMnO_4$标准溶液的体积。

另取 50.00 mL 去离子水代替水样，重复上述操作，求出空白值，计算出 COD 值。平行测定 3 份，要求结果的相对误差不大于 0.3%。

注释：

[1]取水样后应立即进行分析，如需放置可加少量硫酸铜固体以抑制微生物对有机物的分解。

[2]取水样的量视水质污染程度而定。污染严重的水样应取 10 ~ 20 mL，加蒸馏水稀释后测定。

[3]经验证明，控制加热时间很重要，煮沸 10 min，要从冒第一个大气泡开始计时，否则精密度差。

[4]若水样为工业污水，则需用重铬酸钾法测定其化学耗氧量，记作 COD_{Cr}。分析步骤如下：于水样中加入 $HgSO_4$ 消除 Cl^- 的干扰，加入过量 $K_2Cr_2O_7$ 标准溶液，在强酸介质中，以 Ag_2SO_4 作为催化剂，回流加热，待氧化作用完全后，以 1,10 - 二氮菲 - 亚铁为指示剂，用 Fe^{2+} 标准溶液滴定过量的 $K_2Cr_2O_7$。此法适用广泛，但带来了 Cr^{3+}、Hg^{2+} 等有害物质的污染。

思考题

1. 测定水中化学耗氧量有何意义？
2. 测定水中化学耗氧量采用何种滴定方式？为什么？
3. 加热煮沸时间过长，对测定结果有何影响？
4. 水样中加入一定量的 $KMnO_4$ 并加热处理后，若红色褪去，说明什么问题？加入 $Na_2C_2O_4$ 后溶液仍显红色，又说明什么问题？此时，应怎样进行实验操作？

4.4 原子吸收分光光度法测定豆粉中的铁、锌、铜

4.4.1 实验目的

1. 熟悉和掌握原子吸收分光光度法进行定量分析的方法。
2. 了解原子吸收分光光度计的结构、应用和使用方法。
3. 学习标准加入法进行定量分析。
4. 学习对植物样品进行干灰化法的预处理。

4.4.2 实验原理

每种元素均有其一定波长的特征共振线。如铁的特征共振线为 248.3 nm，锌为 213.9 nm，铜为 324.8 nm，而每种元素的原子蒸气对辐射光源的特征共振线有着强烈的吸收，其吸收的程度与试液中待测元素的含量成正比。当用不同元素的空心阴极灯作锐线光源时，可辐射出不同的特征谱线。在测定不同元素时，用不同的元素灯，可在同一试液中分别测定几种元素，彼此干扰少，这就体现了原子吸收分光光度计的优越性。因此，对同一植物试样中的多种微量元素进行定量分析时，若采用原子吸收分光光度法，一般不需要分离。可对植物试样进行干灰化法预处理，获得试样溶液，通过更换元素灯分别直接测定各种元素的含量。

原子吸收分光光度法的定量分析除了标准工作曲线法，还经常用到标准加入法进行

分析测定。当试样中基本成分不确切或十分复杂，配制与试样组成相似的标准溶液较为困难时，一般采用标准加入法。其基本操作过程为：首先配制浓度为 c_x、c_x+c_0、c_x+2c_0、c_x+3c_0、c_x+4c_0的标准溶液（其中 c_x为试液的浓度，c_0为标准溶液的浓度），分别测定其吸光度值。然后以吸光度 A 对待测元素标准溶液的加入量作图，所得曲线反向延长后与横坐标的交点即为试样中被测元素的含量。

4.4.3　仪器与试剂

仪器：AA320CRT 型原子吸收分光光度计（或 WYZ-420 型及其他型号）、乙炔钢瓶、空气压缩机、铁空心阴极灯、锌空心阴极灯、铜空心阴极灯、容量瓶（100、250 mL）、烧杯、吸量管（5、10 mL）、马福炉、瓷坩埚、瓷蒸发皿、电热板。

试剂：光谱纯铁丝或 $Fe(NH_4)_2(SO_4)_2\cdot 6H_2O$（AR）、光谱纯铜粉、金属锌粒、1∶1 HNO_3，1∶1HCl 溶液、1% HCl。

4.4.4　实验内容

（1）标准溶液的配制

①100 mg · L^{-1} Fe 标准溶液的配制　称取 1.0000 g 光谱纯铁丝或 7.0230 g 的分析纯 $Fe(NH_4)_2(SO_4)_2\cdot 6H_2O$ 于烧杯中，加入 15 mL 1 mol · L^{-1} HCl 溶液，使之溶解（必要时可加热），转移到 1000 mL 容量瓶中，用蒸馏水定容至刻度，摇匀，此溶液为铁标准储备溶液（1000 mg · L^{-1}）。吸取 10.00 mL 的铁储备液于 100.0 mL 容量瓶中，用蒸馏水定容至刻度，摇匀，即得 100 mg · L^{-1}铁标准溶液。

②100 mg · L^{-1} Zn 标准溶液的配制　称取 1.0000 g 纯金属锌于烧杯中，加入 20.00 mL 1∶1 HNO_3溶液，使之溶解后，转移至 1000 mL 容量瓶中，用蒸馏水定容至刻度，摇匀，此溶液为锌标准储备溶液（1000 mg · L^{-1}）。吸取 10.00 mL 的锌储备液于 100.0 mL 容量瓶中，用蒸馏水定容至刻度，摇匀，即得 100 mg · L^{-1}锌标准溶液。

③100mg · L^{-1}铜标准溶液的配制　称取 1.0000 g 光谱纯铜粉于烧杯中，加入 20.00 mL 1∶1 HNO_3溶液，使之溶解后，转移至 1000 mL 容量瓶中，用蒸馏水定容至刻度，摇匀，此溶液为铜标准储备溶液（1000 mg · L^{-1}）。吸取 10.00 mL 的铜储备液于 100.0 mL 容量瓶中，用蒸馏水定容至刻度，摇匀，即得 100 mg · L^{-1}铜标准溶液。

④混合标准溶液　吸取上述铁标准溶液 10.00 mL、锌标准溶液 10.00 mL、铜标准溶液 10.00 mL 于 100 mL 容量瓶中，用蒸馏水定容至刻度，摇匀。此混合溶液为铁、锌、铜的混合标准溶液，其浓度均为 10 mg · L^{-1}。

（2）样品的预处理

准确称取 1.000 ~ 2.000 g 烘干的豆粉试样于瓷蒸发皿中，在电热板缓缓加热进行预灰化，待试样大部分炭化以后移入马福炉，缓缓分几次升温到 500℃ 灰化。灰分应当是灰白色到浅白色，疏松地烧结在一起而没有熔融的迹象。假若残存的炭较多，可于冷却后加入几滴 1∶1 HNO_3，蒸发至干后，在马福炉中继续完成灰化。灰化结束，待冷却后，用少量蒸馏水润湿灰分，盖上坩埚盖或表面皿，小心地加入 1 ~ 2 mL 1∶1 HCl 溶解灰分，转移至50 mL容量瓶中，用蒸馏水定容至刻度，摇匀，为待测试样溶液。

除上述干灰化法预处理豆粉样品，还可以采用湿消化法进行预处理：称取1.000～2.000 g的烘干豆粉试样于消化瓶中，加入5 mL 4:1 HNO_3-$HClO_4$，盖上弯颈小漏斗，于电热板上加热消化，温度应控制在140～160℃，待消化瓶中变为澄清的液体，停止加热，冷却，转移至50 mL容量瓶中，用蒸馏水定容至刻度，即得待测豆粉试样溶液。

(3)调试仪器

按表4-1所列实验条件调试仪器，并预热。

表4-1 原子吸收分光光度法测定铁、锌、铜的实验条件

测定条件	Fe	Zn	Cu
吸收线波长/nm	248.3	213.8	324.8
灯电流/mA	6	4	3
燃烧器高度/mm	3	4	3
空气流量/$L \cdot min^{-1}$	10.2	10.2	10.2
乙炔流量/$L \cdot min^{-1}$	1.0	1.2	1.2

注：由于仪器型号等原因，表中所列实验条件仅供参考。

(4)测量

①标准工作曲线法　吸取混合标准溶液0.00、1.00、2.00、3.00、4.00、5.00 mL，分别置于6个50 mL的容量瓶中，每瓶中加入10 mL 1:1 HCl溶液，再用蒸馏水定容至刻度。按照仪器操作条件，测定某一种元素时应换用该种元素的空心阴极灯作光源。用1% HCl溶液调吸光度为零，测定各容量瓶中铁、锌、铜的吸光度。同时，测定豆粉试样溶液中的铁、锌、铜的吸光度(若吸光度太大，可根据实际情况进行适当的稀释后再测定)。

②标准加入法　取5个50 mL容量瓶，分别加入铁、锌、铜混合标准溶液0.00、1.00、2.00、3.00、4.00 mL，每瓶中再分别加入10 mL 1:1 HCl溶液和待测豆粉试样溶液5.00 mL，用蒸馏水定容至刻度并摇匀。用1% HCl溶液调吸光度为零，测定各容量瓶中铁、锌、铜的吸光度。

4.4.5 数据处理

(1)标准工作曲线法

以铁、锌、铜标准系列溶液的浓度为横坐标，其相应的吸光度为纵坐标，分别绘制出铁、锌、铜的标准工作曲线。由豆粉试样溶液铁、锌、铜的吸光度，从标准工作曲线上查出它们各自相应的浓度。根据实验过程的稀释倍数求出豆粉试样中铁、锌、铜的含量。

(2)标准加入法

以混合标准系列溶液的加入量为横坐标，标准加入法中测得的铁、锌、铜相应的吸光度为纵坐标，分别绘制出铁、锌、铜的工作曲线。分别将各自所得工作曲线反向延长后，与横坐标的交点即为豆粉试样溶液中铁、锌、铜的浓度。同样，根据实验过程的稀释倍数求出豆粉试样中铁、锌、铜的含量。

思考题

1. 在原子吸收分光光度法中，通常在什么情况下采用标准加入法进行测定？试比较两种测定方法所得的分析结果，并用相对误差表示。

2. 为什么在原子吸收分光光度法中可以使用混合标准溶液？

3. 从这个实验了解到原子吸收分光光度法的优点在哪里？如果用分光光度法测定豆粉试样中的这 3 种元素，与原子吸收分光光度法比较，有什么优缺点？

4.5　细胞色素 C 的制备及测定

4.5.1　实验目的

1. 掌握细胞色素 C 制备的原理及操作技术。
2. 初步掌握细胞色素 C 纯度及产率的测定方法。

4.5.2　实验原理

细胞色素 C 是一种对高温和 pH 值极端条件非常稳定的酶。容易被连二亚硫酸盐和抗坏血酸还原。还原型为分散的针状晶体，氧化型为花瓣状晶体，二者均易溶于水及酸性溶液。前者水溶液呈桃红色，后者呈深红色。分子量 11 000～13 000。pH＝7 时其氧化还原电位是＋0.26V。通过对心肌组织加入三氯乙酸溶液，在合适的 pH 值时，与大部分蛋白质分离，然后，再加入硫酸铵粉末通过盐析，再与肌红蛋白和血红蛋白分离，再进一步用三氯乙酸酸化，就可得到细胞色素 C 沉淀，然后透析并鉴定之。

鉴定及测定细胞色素 C 用吸光光度法。在 550 nm 波长下，细胞色素 C 的摩尔吸收系数为：

氧化型细胞色素 C　$\varepsilon_1 = 0.9 \times 10^4\ g \cdot mL^{-1}$

还原型细胞色素 C　$\varepsilon_2 = 2.77 \times 10^4\ g \cdot mL^{-1}$

4.5.3　仪器与试剂

仪器：绞肉机、透析袋、722 型分光光度计、电磁搅拌器。

试剂：氢氧化钠(10%)、硫酸铵粉末、三氯乙酸溶液(20%)、三氯乙酸溶液(0.15 $mol \cdot L^{-1}$)、饱和硫酸铵溶液、铁氰化钾(0.01 $mol \cdot L^{-1}$)、饱和连二亚硫酸钠溶液。

其他：猪心或牛心。

4.5.4　实验内容

(1) 细胞色素 C 的制备

①粗细胞色素 C 的制备　取猪心(或牛心)若干，剔除脂肪，称取 500 g，绞碎，加

入 500 mL 0.15 mol·L^{-1}三氯乙酸。搅匀抽提，室温下放置 2 h，抽滤，滤液用 10% 氢氧化钠溶液中和至 pH 7.3。测量抽提液体积，搅拌下慢慢加入硫酸铵粉末(加入量按 500 g·mL^{-1})，用折叠滤纸过滤，收集粉红色的滤液。然后再按 50 g·L^{-1}滤液加入硫酸铵粉末。此盐析液可于冰箱中放置过夜。然后离心(2500 r/min，20 min)除去沉淀，保留上清液并加入 20% 三氯乙酸(加入量按 25 mL·L^{-1}上清液)以沉淀细胞色素 C。离心(3000 r/min，15 min)收集粗细胞色素 C 沉淀。

②纯化细胞色素 C　将粗的砖红色细胞色素 C 沉淀悬溶于 60 mL 饱和硫酸铵溶液中，将此悬浮液移入透析袋中，用蒸馏水透析 4 h，离心(3000 r/min，10 min)除去沉淀，得到上清液为红色的细胞色素 C 溶液，置于 -15℃保存。也可加入 4 倍体积的冷丙酮使细胞色素 C 沉淀，离心分离。

(2)细胞色素 C 的产量及产率

用氧化剂铁氰化钾或还原剂连二亚硫酸钠将细胞色素 C 两种氧化态的混合物分别转化为纯的氧化型或还原型。氧化型样品的吸光度按表 4-2 加入试剂及样品；还原型样品的吸光度按表 4-3 加入试剂及样品。在 550 nm 下通过测得的吸光度计算细胞色素 C 的含量。

表 4-2　氧化型样品吸光度 A_1

试　剂	样品/mL	空白/mL
0.1 mol·L^{-1} pH 7.4 的磷酸缓冲液	1.9	2.9
细胞色素 C 溶液	1.0	0
0.01 mol·L^{-1}铁氰化钾溶液	0.1	0.1

表 4-3　还原型样品吸光度 A_2

试　剂	样品/mL	空白/mL
0.1 mol·L^{-1}pH 7.4 的磷酸缓冲液	1.9	2.9
细胞色素 C 溶液	1.0	0
饱和连二亚硫酸钠溶液	0.1	0.1

如果产品较纯，则两种氧化型通过分光光度计测量的产品质量应相当。

思考题

1. 细胞色素 C 在生命体中的作用是什么？
2. 制备细胞色素 C 通常选取什么组织？为什么？

4.6　自行设计实验(1)——未知无机化合物溶液的分析

4.6.1　实验目的

1. 学习自行设计对给定的未知混合离子试液进行定性分析。

2. 进一步学习和掌握定性分析的基本操作技能。
3. 独立设计，独立操作，以提高学生独立工作和解决实际问题的能力。

4.6.2 实验提示

①首先充分复习常见离子的基本反应及鉴定的内容，熟练掌握各种阴离子和阳离子的性质及特征反应，并参阅有关的定性分析书籍和资料，然后再根据给定的条件，拟订实验方案。

②未知液中可能含有 Na^+、Fe^{3+}、Al^{3+}、Cu^{2+}、NH_4^+、NO_3^-、SO_4^{2-}、Cl^- 8 种离子中的 5~6 种。

③给定的化学药品：0.5 $mol \cdot L^{-1}$ $BaCl_2$、6 $mol \cdot L^{-1}$ HCl、6 $mol \cdot L^{-1}$ NaOH、1 $mol \cdot L^{-1}$ $AgNO_3$、6 $mol \cdot L^{-1}$ HNO_3、6 $mol \cdot L^{-1}$ $NH_3 \cdot H_2C$、6 $mol \cdot L^{-1}$ HAc、0.1 $mol \cdot L^{-1}$ $K_4Fe(CN)_6$、KCN(饱和)、浓 $NH_3 \cdot H_2O$、浓 H_2SO_4、铝试剂 0.1%、奈斯勒试剂、醋酸铀酰锌、酚酞、$FeSO_4$ 固体、二苯胺[$(C_6H_5)_2NH$]、玫瑰红酸钠 1%。

4.6.3 设计要求

①根据实验室给定的化学药品和教师提供的未知混合离子试液，拟订出定性分析的实验方案，内容包括目的要求、实验原理、实验用品、操作步骤、注意事项等。

②根据未知液的可能成分和经教师审查可行的实验方案，独立完成实验，写出规范的实验报告。

4.7 自行设计实验(2)——葡萄糖注射液中葡萄糖含量的测定

4.7.1 实验目的

1. 自行设计实验测定葡萄糖注射液中葡萄糖含量。
2. 进一步学习碘量法操作和旋光仪操作。
3. 训练学生的知识综合运用能力和实际操作能力。

4.7.2 实验提示

(1)碘量法

碘与 NaOH 作用可生成次碘酸钠(NaIO)，葡萄糖($C_6H_{12}O_6$)能定量地被次碘酸钠氧化生成葡萄糖酸($C_6H_{12}O_7$)，在酸性条件下，未与葡萄糖作用的次碘酸钠可转变成单质碘(I_2)析出，用硫代硫酸钠标准溶液滴定析出的碘，便可以计算出葡萄糖的含量。

其反应如下：

$$I_2 + C_6H_{12}O_6 + 2NaOH = C_6H_{12}O_7 + H_2O + 2NaI$$

$$3NaIO = NaIO_3 + 2NaI$$

$$NaIO_3 + 5NaI + 6HCl = 3I_2 + 6NaCl + 3H_2O$$

$$I_2 + 2Na_2S_2O_3 = Na_2S_4O_6 + 2NaI$$

(2)旋光法

当偏振光通过具旋光性的物质时，光的偏振面便会发生旋转，谓之旋光。偏振面旋转的角度即为旋光度，测定旋光度的仪器称为旋光仪。在旋光仪中，旋光是顺时针方向偏转，则称被测物质为右旋(+)，若逆时针方向偏转，则称被测物质为左旋(-)，因此旋光度有(+)(-)之分。由于旋光度(α)有左右旋及其大小与溶剂的性质、溶液的浓度(c)、入射光的波长(A)、温度(t)及偏振光所通过样品管(又称旋光管)的长度(L)等诸因素有关，因此，常用比旋光度表示溶液和旋光性。

通常，可以从化学用表中查得各旋光物质的比旋光度$[\alpha]_\lambda^t$，因此只要用旋光仪测得某溶液的旋光度α，加之所用的样品管长度L已知，因此便可算出该溶液的浓度c。

$$c = \{\alpha / [\alpha]_\lambda^t \cdot L\} \times 100$$

由于旋光仪常用于测定糖的浓度，因此旋光仪又叫量糖计，在实际工作中经常遇到。

4.7.3 设计要求

①查阅相关文献，选择设计一种可行的实验方案。

②巩固标准溶液的配制及标定等操作技术。

③学习采用仪器测定物质含量的技术。

参考文献

北京大学化学系普通化学教研室，1991. 普通化学实验[M]. 北京：北京大学出版社.

北京轻工业学院，天津轻工业学院，1999. 基础化学实验[M]. 北京：中国标准出版社.

成都科学技术大学分析化学教研组，浙江大学分析化学教研组，1982. 分析化学实验[M]. 北京：人民教育出版社.

吕苏琴，张春荣，揭念芹，2000. 基础化学实验Ⅰ[M]. 北京：科学出版社.

蓝琪田，1993. 分析化学实验与指导[M]. 北京：中国医药科技出版社.

刘约权，李贵深，1999. 实验化学[M]. 北京：高等教育出版社.

马全红，邱凤仙，2015. 分析化学实验[M]. 南京：南京大学出版社.

南京大学，1998. 无机及分析化学实验[M]. 3版. 北京：高等教育出版社.

孙毓庆，1994. 分析化学实验[M]. 北京：人民卫生出版社.

王伊强，张永忠，2001. 基础化学实验[M]. 北京：中国农业出版社.

王日为，刘灿明，1999. 化学实验原理与技术[M]. 长沙：湖南大学出版社.

王秋长，赵鸿喜，张守民，等，2003. 基础化学实验[M]. 北京：科学出版社.

武汉大学化学与分子科学学院，2001. 无机及分析化学实验[M]. 武汉：武汉大学出版社.

朱风岗，1997. 农科化学实验[M]. 北京：中国农业出版社.

张金桐，叶非，2011. 实验化学[M]. 北京：中国农业出版社.

附　录

附录1　常见元素的国际相对原子质量(1999年)

[以 $A_r(^{12}C)=12$ 为标准]

原子序数	元素名称	元素符号	相对原子质量	原子序数	元素名称	元素符号	相对原子质量
1	氢	H	1.007 94(7)	39	钇	Y	88.905 85(2)
2	氦	He	4.002 602(2)	40	锆	Zr	91.224(2)
3	锂	Li	6.941(2)	41	铌	Nb	92.906 38(2)
4	铍	Be	9.012 182(3)	42	钼	Mo	95.94(1)
5	硼	B	10.811(7)	43	锝*	Tc	(98)
6	碳	C	12.0107(8)	44	钌	Ru	101.07(2)
7	氮	N	14.006 74(7)	45	铑	Rh	102.905 50(2)
8	氧	O	15.9994(3)	46	钯	Pd	106.42(1)
9	氟	F	18.998 403 2(5)	47	银	Ag	107.8682(2)
10	氖	Ne	20.1797(6)	48	镉	Cd	112.411(8)
11	钠	Na	22.989 770(2)	49	铟	In	114.818(3)
12	镁	Mg	24.3050(6)	50	锡	Sn	118.710(7)
13	铝	Al	26.981 538(2)	51	锑	Sb	121.760(1)
14	硅	Si	28.0855(3)	52	碲	Te	127.60(3)
15	磷	P	30.973 761(2)	53	碘	I	126.904 47(3)
16	硫	S	32.066(6)	54	氙	Xe	131.29(2)
17	氯	Cl	35.4527(9)	55	铯	Cs	132.905 45(2)
18	氩	Ar	39.948(1)	56	钡	Ba	137.327(7)
19	钾	K	39.0983(1)	57	镧	La	138.9055(2)
20	钙	Ca	40.078(4)	58	铈	Ce	140.116(1)
21	钪	Sc	44.955 910(8)	59	镨	Pr	140.907 65(2)
22	钛	Ti	47.867(1)	60	钕	Nd	144.24(3)
23	钒	V	50.9415(1)	61	钷*	Pm	(145)
24	铬	Cr	51.9961(6)	62	钐	Sm	150.36(3)
25	锰	Mn	54.938 049(9)	63	铕	Eu	151.964(1)
26	铁	Fe	55.845(2)	64	钆	Gd	157.25(3)
27	钴	Co	58.933 200(9)	65	铽	Tb	158.925 34(2)
28	镍	Ni	58.6934(2)	66	镝	Dy	162.50(3)
29	铜	Cu	63.546(3)	67	钬	Ho	164.930 32(2)
30	锌	Zn	65.39(2)	68	铒	Er	167.26(3)
31	镓	Ga	69.723(1)	69	铥	Tm	168.934 21(2)
32	锗	Ge	72.61(2)	70	镱	Yb	173.04(3)
33	砷	As	74.921 60(2)	71	镥	Lu	174.967(1)
34	硒	Se	78.96(3)	72	铪	Hg	178.49(2)
35	溴	Br	79.904(1)	73	钽	Ta	180.9479(1)
36	氪	Kr	83.80(1)	74	钨	W	183.84(1)
37	铷	Rb	85.4678(3)	75	铼	Re	186.207(1)
38	锶	Sr	87.62(1)	76	锇	Os	190.23(3)

（续）

原子序数	元素名称	元素符号	相对原子质量	原子序数	元素名称	元素符号	相对原子质量
77	铱	Ir	192.217(3)	95	镅*	Am	(243)
78	铂	Pt	195.078(2)	96	锔*	Cm	(247)
79	金	Au	196.966 55(2)	97	锫*	Bk	(247)
80	汞	Hg	200.59(2)	98	锎*	Cf	(251)
81	铊	Tl	204.3833(2)	99	锿*	Es	(252)
82	铅	Pb	207.2(1)	100	镄*	Fm	(257)
83	铋	Bi	208.980 38(2)	101	钔*	Md	(258)
84	钋*	Po	(210)	102	锘*	No	(259)
85	砹*	At	(210)	103	铹*	Lr	(260)
86	氡*	Rn	(222)	104	*	Rf	(261)
87	钫*	Fr	(223)	105	*	Db	(262)
88	镭*	Ra	(226)	106	*	Sg	(263)
89	锕*	Ac	(227)	107	*	Bh	(264)
90	钍*	Th	232.0381(1)	108	*	Hs	(265)
91	镤*	Pa	231.035 88(2)	109	*	Mt	(268)
92	铀*	U	238.0289(1)	110	*		(269)
93	镎*	Np	(237)	111	*		(272)
94	钚*	Pu	(244)	112	*		(277)

注：① 本表相对原子质量引自1999年国际相对原子质量表。

② 表中加＊者为放射性元素。

③ 放射性元素相对原子质量加括号的为该元素半衰期最长的同位素的质量数。

附录2　25℃时在水溶液中一些电极的标准电极电势

（标准态压力 = 100 kPa）

电极	电极反应	标准电极电势/V
	第一类电极	
$Li^+ \mid Li$	$Li^+ + e^- = Li$	-3.042
$K^+ \mid K$	$K^+ + e^- = K$	-2.925
$Ba^{2+} \mid Ba$	$Ba^{2+} + 2e^- = Ba$	-2.90
$Ca^{2+} \mid Ca$	$Ca^{2+} + 2e^- = Ca$	-2.76
$Na^+ \mid Na$	$Na^+ + e^- = Na$	-2.7111
$Mg^{2+} \mid Mg$	$Mg^{2+} + 2e^- = Mg$	-2.375
$OH^-, H_2O \mid H_2(g) \mid Pt$	$2H_2O + 2e^- = H_2(g) + 2OH^-$	-0.8277
$Zn^{2+} \mid Zn$	$Zn^{2+} + 2e^- = Zn$	-0.763
$Cr^{3+} \mid Cr$	$Cr^{3+} + 3e^- = Cr$	-0.74
$Cd^{2+} \mid Cd$	$Cd^{2+} + 2e^- = Cd$	-0.4028
$Co^{2+} \mid Co$	$Co^{2+} + 2e^- = Co$	-0.28
$Ni^{2+} \mid Ni$	$Ni^{2+} + 2e^- = Ni$	-0.23
$Sn^{2+} \mid Sn$	$Sn^{2+} + 2e^- = Sn$	-0.1366
$Pb^{2+} \mid Pb$	$Pb^{2+} + 2e^- = Pb$	-0.1265

（续）

电极	电极反应	标准电极电势/V
Fe^{3+} | Fe	$Fe^{3+}+2e^-=Fe$	-0.036
H^+ | $H_2(g)$ | Pt	$2H^++2e^-=H_2(g)$	0.0000
Cu^{2+} | Cu	$Cu^{2+}+2e^-=Cu$	0.3400
OH^-，H_2O | $O_2(g)$ | Pt	$O_2+2H_2O+4e^-=4OH^-$	0.401
Cu^+ | Cu	$Cu^++e^-=Cu$	0.522
I^- | $I_2(s)$ | Pt	$I_2(s)+2e^-=2I^-$	0.535
$Hg_2{}^{2+}$ | Hg	$Hg_2{}^{2+}+2e^-=2Hg$	0.7986
Ag^+ | Ag	$Ag^++e^-=Ag$	0.7994
Hg^{2+} | Hg	$Hg^{2+}+2e^-=Hg$	0.851
Br^- | $Br_2(g)$ | Pt	$Br_2(l)+2e^-=2Br^-$	1.065
H^+，H_2O | $O_2(g)$ | Pt	$4H^++2O_2(g)+4e^-=2H_2O$	1.229
Cl^- | $Cl_2(g)$ | Pt	$Cl_2(g)+2e^-=2Cl^-$	1.3580
Au^+ | Au	$Au^++e^-=Au$	1.68
F^- | $F_2(g)$ | Pt	$F_2(g)+2e^-=2F^-$	2.87
第二类电极		
SO_4^{2-} | $PbSO_4(s)$ | Pb	$PbSO_4(s)+2e^-=SO_4^{2-}+Pb$	-0.3505
I^- | AgI(s) | Ag	$AgI(s)+e^-=Ag+I^-$	-0.1521
Br^- | AgBr(s) | Ag	$AgBr(s)+e^-=Ag+Br^-$	0.0711
Cl^- | AgCl(s) | Ag	$AgCl(s)+e^-=Ag+Cl^-$	0.2221
氧化还原电极		
Cr^{3+}，Cr^{2+} | Pt	$Cr^{3+}+e^-=Cr^{2+}$	-0.41
Sn^{4+}，Sn^{2+} | Pt	$Sn^{4+}+2e^-=Sn^{2+}$	0.15
Cu^{2+}，Cu^+ | Pt	$Cu^{2+}+e^-=Cu^+$	0.158
H^+，醌，氢醌 | Pt	$C_6H_4O_2+2H^++2e^-=C_6H_4(OH)_2$	0.6993
Fe^{3+}，Fe^{2+} | Pt	$Fe^{3+}+e^-=Fe^{2+}$	0.770
Tl^{3+}，Tl^+ | Pt	$Tl^{3+}+2e^-=Tl^+$	1.247
Ce^{4+}，Ce^{3+} | Pt	$Ce^{4+}+e^-=Ce^{3+}$	1.61
Co^{3+}，Co^{2+} | Pt	$Co^{3+}+e^-=Co^{2+}$	1.83

附录3　市售常用酸碱的浓度和密度

试剂名称	密度/($g\cdot cm^{-3}$)(20℃)	质量分数/%	物质的量浓度/($mol\cdot L^{-1}$)
浓 H_2SO_4	1.84	98	18
稀 H_2SO_4	1.18	25	3
浓 HCl	1.19	38	12

（续）

试剂名称	密度/($g \cdot cm^{-3}$)(20℃)	质量分数/%	物质的量浓度/($mol \cdot L^{-1}$)
稀 HCl	1.10	20	6
浓 HNO_3	1.42	69	16
稀 HNO_3	1.20	32	6
稀 HNO_3		12	2
浓 H_3PO_4	1.7	85	14.7
稀 H_3PO_4	1.05	9	1
浓 $HClO_4$	1.67	70	11.6
稀 $HClO_4$	1.12	19	2
浓 HF	1.13	40	23
HBr	1.38	40	7
HI	1.70	57	7.5
冰 HAc	1.05	99	17.5
稀 HAc	1.04	34	6
稀 HAc		12	2
浓 NaOH	1.44	~41	14.4
稀 NaOH		8	2
浓 $NH_3 \cdot H_2O$	0.91	~28	14.8
稀 $NH_3 \cdot H_2O$		3.5	2
$Ca(OH)_2$水溶液		0.15	
$Ba(OH)_2$水溶液		2	~0.1

附录4 常用酸碱指示剂(18~25℃)

指示剂名称	pH 变色范围	颜色变化	溶液配制方法
百里酚蓝（第一变色范围）	1.2~2.8	红—黄	0.1 g 指示剂溶于 100 mL 20% 乙醇中
甲基黄	2.9~4.0	红—黄	0.1 g 指示剂溶于 100 mL 90% 乙醇中
甲基橙	3.1~4.4	红—黄	0.05% 水溶液
溴酚蓝	3.1~4.6	黄—紫	0.1 g 指示剂溶于 100 mL 20% 乙醇中，或指示剂钠盐的水溶液
溴甲酚绿	3.8~5.4	黄—蓝	0.1% 水溶液，每 100 g 指示剂加 2.9 mL 0.05 $mol \cdot L^{-1}$ NaOH
甲基红	4.4~6.2	红—黄	0.1 g 指示剂溶于 100 mL 60% 乙醇中，或指示剂钠盐的水溶液
溴百里酚蓝	6.0~7.6	黄—蓝	0.1 g 指示剂溶于 100 mL 20% 乙醇中，或指示剂钠盐的水溶液
中性红	6.8~8.0	红—黄橙	0.1 g 指示剂溶于 100 mL 60% 乙醇中
酚红	6.7~8.4	黄—红	0.1 g 指示剂溶于 100 mL 60% 乙醇中，或指示剂钠盐的水溶液
酚酞	8.0~9.6	无—红	0.1 g 指示剂溶于 100 mL 90% 乙醇中
百里酚蓝（第二变色范围）	8.0~9.6	黄—蓝	0.1 g 指示剂溶于 100 mL 20% 乙醇中
百里酚酞	9.4~10.6	无—蓝	0.1 g 指示剂溶于 100 mL 90% 乙醇中

附录5 常用缓冲溶液

缓冲溶液组成	pK_a	缓冲溶液pH	配制方法
氨基乙酸－HCl	2.35 (pK_{a1})	2.3	取氨基乙酸150 g溶于500 mL H_2O中，加80 mL浓HCl，水稀释至1 L
H_3PO_4-柠檬酸盐		2.5	取113 g $Na_2HPO_4 \cdot 12H_2O$溶于200 mL H_2O中，加387 g柠檬酸溶解，过滤后稀释至1 L
$ClCH_2COOH$-NaOH	2.86	2.8	取200 g $ClCH_2COOH$溶于200 mL H_2O中，加40 g NaOH溶解后，稀释至1 L
邻苯二甲酸氢钾-HCl	2.95 (pK_{a1})	2.9	取500 g邻苯二甲酸氢钾溶500 mL H_2O中，加80 mL浓HCl，稀释至1 L
HCOOH-NaOH	3.76	3.7	取95 g HCOOH和40g NaOH于500 mL H_2O中，溶解，稀释至1 L
NH_4Ac-HAc		4.5	取77g NH_4Ac溶于200 mL H_2O中，加59 mL冰HAc，稀释至1 L
NaAc-HAc	4.74	4.7	取83 g无水NaAc溶于H_2O中，加60 mL冰HAc，稀释至1 L
NaAc-HAc	4.74	5.0	取160 g无水NaAc溶于H_2O中，加60 mL冰HAc，稀释至1 L
NH_4Ac-HAc		5.0	取250 g NH_4Ac溶于H_2O中，加25 mL冰HAc，稀释至1 L
六次甲基四胺-HCl	5.15	5.4	取40 g六次甲基四胺溶于200 mL H_2O中，加10 mL浓HCl，稀释至1 L
NH_4Ac-HAc		6.0	取600 g NH_4Ac溶于H_2O中，加20 mL冰HAc，稀释至1 L
NaAc-H_3PO_4盐		8.0	取50 g无水NaAc和50 g $Na_2HPO_4 \cdot 12H_2O$溶于H_2O中，稀释至1 L
三羟甲基氨基甲烷-HCl	8.21	8.2	取25 g三羟甲基氨基甲烷溶于H_2O中，加8 mL浓HCl，稀释至1 L
NH_3-NH_4Cl	9.26	9.2	取54 g NH_4Cl溶于H_2O中，加63 mL浓$NH_3 \cdot H_2O$，稀释至1 L
NH_3-NH_4Cl	9.26	9.5	取54 g NH_4Cl溶于H_2O中，加126 mL浓$NH_3 \cdot H_2O$，稀释至1 L
NH_3-NH_4Cl	9.26	10.0	取54 g NH_4Cl溶于H_2O中，加350 mL浓$NH_3 \cdot H_2O$，稀释至1 L

注：①缓冲溶液配制后用pH试纸检查。如pH值不对，可用共轭酸或碱调节。pH值欲调节精确时，可用pH计调节。

②若需增加或减少缓冲溶液的缓冲容量时，可相应增加或减少共轭酸碱对物质的量，再调节之。

附录6 实验室中部分试剂的配制

1. Na_2S($1\ mol \cdot L^{-1}$)：称取240 g $Na_2S \cdot 9H_2O$和40 g NaOH溶于适量水中，稀释至1 L，混匀。

2. $(NH_4)_2S$($3\ mol \cdot L^{-1}$)：于200 mL浓$NH_3 \cdot H_2O$中通入H_2S气体直至饱和，然后再加入200 mL浓$NH_3 \cdot H_2O$，最后加水稀释至1 L，混匀。

3. $(NH_4)_2CO_3$($1\ mol \cdot L^{-1}$)：将95 g研细的$(NH_4)_2CO_3$溶解于1 L 2 $mol \cdot L^{-1}$ $NH_3 \cdot H_2O$中。

4. $(NH_4)_2CO_3$(14%)：将140 g $(NH_4)_2CO_3$溶于860 mL H_2O中。

5. $(NH_4)_2SO_4$(饱和)：将50 g $(NH_4)_2SO_4$溶解于100 mL热H_2O中，冷却后过滤。

6. $FeSO_4$($0.25\ mol \cdot L^{-1}$)：溶解69.5 g $FeSO_4 \cdot 7H_2O$于适量H_2O中，加入5 mL 18 $mol \cdot L^{-1}$ H_2SO_4，再用H_2O稀释至1 L，放入小铁钉数枚。

7. $FeCl_3$($0.5\ mol \cdot L^{-1}$)：称取135.2 g $FeCl_3 \cdot 6H_2O$溶于100 mL 6 $mol \cdot L^{-1}$ HCl中，加H_2O稀释至1 L。

8. $CrCl_3$(0.1 mol·L^{-1})：称取26.7 g $CrCl_3·6H_2O$溶于30 mL 6 mol·L^{-1}HCl中，加H_2O稀释至1 L。

9. KI(10%)：溶解100 g KI于1 L H_2O中，贮于棕色瓶中。

10. KNO_3(1%)：溶解10 g KNO_3于1 L H_2O中。

11. 醋酸铀酰锌：(1)10 g $UO_2(Ac)_2·2H_2O$和6 mL 6 mol·L^{-1}HAc溶于50 mL H_2O中，(2)30 g $Zn(Ac)_2·2H_2O$和3 mL 6 mol·L^{-1}HCl溶于50 mL H_2O中，将(1)、(2)两种溶液混合，24h后取清液使用。

12. $Na_3[Co(NO_2)_6]$：溶解230 g $NaNO_2$于500 mL H_2O中，加入165 mL 6 mol·L^{-1}HAc和30 g $Co(NO_3)_2·6H_2O$，放置24h，取其清液，稀释至1 L，并保存在棕色瓶中。此溶液应呈橙色，若变成红色，表示已分解，应重新配制。

13. $(NH_4)_6Mo_7O_{24}·4H_2O$(0.1 mol·L^{-1})：溶解124 g $(NH_4)_6Mo_7O_{24}·4H_2O$于1 L H_2O中，将所得溶液倒入1 L 6 mol·$L^{-1}$$HNO_3$中，放置24h，取其澄清液。

14. $K_3[Fe(CN)_6]$：取$K_3[Fe(CN)_6]$约0.7~1 g溶解于H_2O，稀释至100 mL(使用前临时配制)。

15. 铬黑T：将铬黑T和烘干的NaCl按1∶100的比例研细，混合均匀，贮于棕色瓶中。

16. 二苯胺：将1 g二苯胺在搅拌下溶于100 mL密度1.84 g·cm^{-3} H_2SO_4或100 mL密度1.70 g·cm^{-3} H_3PO_4中(该溶液可保存较长时间)。

17. Mg试剂：溶解0.01 g Mg试剂于1 L 1 mol·L^{-1}NaOH溶液中。

18. $SnCl_2$(0.25 mol·L^{-1})：称取56.4 g $SnCl_2·2H_2O$溶于100 mL浓HCl中，加水稀释至1 L，在溶液中放几颗纯锡粒。

19. $CrCl_3$(0.1 mol·L^{-1})：称取26.7 g $CrCl_3·6H_2O$溶于30 mL 6 mol·L^{-1}HCl中，加水稀释至1 L。

20. $Hg_2(NO_3)_2$(0.1 mol·L^{-1})：称取56 g $Hg_2(NO_3)_2·2H_2O$溶于250 mL 6 mol·$L^{-1}$$HNO_3$中，加水稀释至1 L，并加入少许金属汞。

21. $Pb(NO_3)_2$(0.25 mol·L^{-1})：取83 g $Pb(NO_3)_2$溶于少量水中，加入15 mL 6 mol·$L^{-1}$$HNO_3$，加水稀释至1 L。

22. $Bi(NO_3)_3$(0.1 mol·L^{-1})：称取48.5 g $Bi(NO_3)_3·5H_2O$溶于250 mL 1 mol·$L^{-1}$$HNO_3$中，加水稀释至1 L。

23. Cl_2水：水中通入Cl_2至饱和(用时临时配制)，Cl_2在25℃时溶解度为199 mL/100 g H_2O。

24. Br_2水：将约50 g(16 mL)液溴注入盛有1 L水的磨口玻璃瓶内，在2h内经常剧烈振荡，每次振荡之后微开塞子，使积聚的溴蒸气放出。在储存瓶底有过量的溴，将Br_2水倒入试剂瓶时，过量的溴应留于储存瓶内，而不倒入试剂瓶。倾倒溴或Br_2水时，应在通风橱中进行，并将凡士林涂在手上或戴橡皮手套操作，以防溴蒸气灼伤。

25. I_2水(~0.005 mol·L^{-1})：将1.3 g I_2和5 g KI溶解在尽可能少量的水中，待I_2完全溶解后(充分搅动)，再加水稀释至1 L。

26. 亚硝酰铁氰化钠(3%)：称取3 g $Na_2[Fe(CN_5)NO]·2H_2O$溶于100 mL水中。

27. 淀粉溶液(~0.5%)：取易溶淀粉1 g和$HgCl_2$ 5 mg(作防腐剂)置于烧杯中，加水少许，调成糊浆，然后倾入200 mL沸水中。

28. 奈斯勒试剂：称取115 g HgI_2和80 g KI溶于足量的水中，稀释至500 mL，然后加入500 mL 6 mol·L^{-1}NaOH溶液，静置后取其清液保存于棕色瓶中。

29. 对氨基苯磺酸(0.34%)：0.5 g对氨基苯磺酸溶于150 mL 2 mol·L^{-1}HAc溶液中。

30. α-萘胺(0.12%)：0.3 g α-萘胺加 20 mL 水，加热煮沸，在所得溶液中加入 150 mL 2 $mol \cdot L^{-1}$ HAc。

31. 钼酸铵：5 g 钼酸铵溶于 100 mL 水中，加入 35 mL HNO_3(密度 1.2 $g \cdot cm^{-3}$)。

32. 硫代乙酰胺(5%)：5 g 硫代乙酰胺溶于 100 mL 水中。

33. 钙指示剂(0.2%)：0.2 g 钙指示剂溶于 100 mL 水中。

34. 铝试剂(0.1%)：1 g 铝试剂溶于 1 L 水中。

35. 二苯硫腙(0.01%)：0.01 g 二苯硫腙溶于 100 mL CCl_4 中。

36. 丁二酮肟(1%)：1 g 丁二酮肟溶于 100 mL 95% 乙醇中。

37. 二苯碳酰二肼(0.04%)：0.04 g 二苯碳酰二肼溶于 20 mL 95% 乙醇中，边搅拌，边加入 80 mL (1∶9) H_2SO_4(存于冰箱中可用一个月)。

38. 品红试剂：0.1 g 品红盐酸盐溶于 200 mL 热水中，放置冷却后，加入 1 g 亚硫酸氢钠和 1 mL 浓盐酸，再用蒸馏水稀释至 1 L。

39. 苯酚溶液：将 50 g 苯酚溶于 500 mL 5% 氢氧化钠溶液中。

40. β-萘酚溶液：将 50 g β-萘酚溶于 500 mL 5% 氢氧化钠溶液中。

41. 斐林试剂：斐林试剂是由斐林试剂 A 和斐林试剂 B 组成，使用时将两者等体积混合即可，其配法为：

斐林试剂 A：将 35 g $CuSO_4 \cdot 5H_2O$ 溶于 1 L 水中。

斐林试剂 B：将 170 g 酒石酸钾钠 $KNaC_4H_4O_6 \cdot 4H_2O$ 溶于 200 mL 热水中，然后加入 25% NaOH 200 mL，再用水稀释至 1 L。

42. 本尼迪试剂：取 8.6 g 研细的 $CuSO_4$ 溶于 50 mL 热水中，冷却后用水稀释至 80 mL。另取 86 g 柠檬酸钠及 50 g 无水碳酸钠溶于 300 mL 水中，加热溶解，待溶液冷却后，再加入上面所配的 $CuSO_4$ 溶液，加水稀释至 500 mL。将试剂贮于试剂瓶中，用橡皮塞塞紧瓶口。

43. 卢卡斯试剂：在冷却下，将 136 g 无水氯化锌溶于 90 mL 浓盐酸中。此试剂一般是用前配制。

44. 间苯二酚盐酸试剂：将 0.5 g 间苯二酚溶于 500 mL 浓盐酸中，再用蒸馏水稀释 1 L。

45. α-萘酚乙醇溶液：将 10 g α-萘酚溶于 100 mL 95% 乙醇中，再用 95% 乙醇稀释 500 mL，贮于棕色瓶中，一般使用前配制。

46. 0.2% 蒽酮硫酸溶液：将 1 g 蒽酮溶于 500 mL 浓硫酸中，用时配制。

47. 2，4-二硝基苯肼试剂：

a)将 2，4-二硝基苯肼溶于 2 $mol \cdot L^{-1}$ HCl 中配成饱和溶液。

b)将 20 g 2，4-二硝基苯肼溶于 100 mL 浓硫酸中，然后边搅拌边将此溶液加到 140 mL 水与 500 mL 95% 乙醇的混合液中，剧烈搅拌，滤去不溶固体即得橙红色溶液。

48. 0.1% 茚三酮乙醇溶液：将 0.5 g 茚三酮溶于 500 mL 95% 乙醇中，用时配制。

49. 苯肼试剂：

(1)取 2 份质量的苯肼盐酸盐和 3 份质量的无水醋酸钠混合均匀，于研钵中研成粉末，贮存于棕色试剂瓶中。

苯肼盐酸盐与醋酸钠反应生成苯肼醋酸盐，在水中水解生成的苯肼与糖反应成脎。游离的苯肼难溶于水，所以不能直接使用。

(2)取 5 g 苯肼盐酸盐，加入 160 mL 水，微热溶解，再加 0.5 g 活性炭脱色，过滤，在滤液中加入 9 g 醋酸钠，搅拌溶解后贮存于棕色试剂瓶中。

附录 7 常用干燥剂

干燥剂	酸—碱性质	与水作用的产物	说 明[1]
$CaCl_2$	中性	$CaCl_2 \cdot H_2O$ $CaCl_2 \cdot 2H_2O$ $CaCl_2 \cdot 6H_2O$	脱水量大，作用快，效率不高；$CaCl_2$颗粒大，易与干燥后溶液分离，为良好的初步干燥剂；不可用于干燥醇类、胺类或酚类、酯类和酸类；氯化钙六水合物在30℃以上失水
Na_2SO_4	中性	$Na_2SO_4 \cdot 7H_2O$ $Na_2SO_4 \cdot 10H_2O$	价格便宜，脱水量大，作用慢，效率低；为良好的常用初步干燥剂；物理外观为粉状，需把干燥后溶液过滤分离；$Na_2SO_4 \cdot 10H_2O$在33℃以上失水
$MgSO_4$	中性	$MgSO_4 \cdot H_2O$ $MgSO_4 \cdot 7H_2O$	比Na_2SO_4作用快，效率高；为一般良好的干燥剂；$MgSO_4 \cdot 7H_2O$在48℃以上失水
$CaSO_4$	中性	$CaSO_4 \cdot 1/2H_2O$	脱水量小但作用很快，效率高；建议先用脱水量大的干燥剂作为溶液的初步干燥；$CaSO_4 \cdot 1/2H_2O$加热2～3 h即可失水
$CuSO_4$	中性	$CuSO_4 \cdot H_2O$ $CuSO_4 \cdot 3H_2O$ $CuSO_4 \cdot 5H_2O$	较$MgSO_4$、Na_2SO_4效率高，但比两者价格都贵
K_2CO_3	碱性	$K_2CO_3 \cdot 3/2H_2O$ $K_2CO_3 \cdot 2H_2O$	脱水量及效率一般；适用于酯类、腈类和酮类，但不可用于酸性有机化合物
H_2SO_4	酸性	$H_3O^+HSO_4^-$	适用于烷基卤化物和脂肪烃，但不可用于烯类、醚类及弱碱性物质；脱水效率高
P_2O_5	酸性	HPO_3 $H_4P_2O_7$ H_3PO_4	参见硫酸说明；也适用于醚类、芳香卤化物以及芳香烃类；脱水效率极高；建议将溶液先经预干燥；干燥后溶液可蒸馏与干燥剂分开
CaH	碱性	$H_2 + Ca(OH)_2$	效率高但作用慢；适用于碱性、中性或弱酸性化合物；不能用于对碱敏感的物质；建议先将溶液通过初步干燥；干燥后的溶液蒸馏与干燥剂分开
Na	碱性	$H_2 + NaOH$	效率高但作用慢；不可用于对碱土金属或碱敏感的化合物；应练习掌握分解过量的干燥剂；溶液需先进行初步干燥后再用金属钠干燥；干燥后溶液可用蒸馏与干燥剂分开
BaO 或 CaO	碱性	$Ba(OH)_2$或$Ca(OH)_2$	作用慢但效率高；适用于醇类及胺类而不适用于对碱敏感的化合物；干燥后可把溶液蒸馏而与干燥剂分开
KOH 或 NaOH	碱性	溶液	快速有效，但应用范围几乎限于干燥胺类
#3A 或#4A 分子筛[2]	中性	能牢固吸着水分	快速、高效；需将液体经初步干燥后再用；干燥后把溶液蒸馏以与干燥剂分开；分子筛为硅酸铝的商品名称，具有一定的直径小孔的结晶形结构；#3A、#4A 分子筛的孔径大小仅允许水或其他小分子(如氨分子)进入；水由于水化而被牢牢吸着；水化后分子筛可在常压或减压下300～320℃加热活化

注：[1] 脱水量为一定质量的干燥剂所能除去的水量，而效率则为水合干燥剂平衡时的水量。

[2] 数字为分子筛孔径的大小，现以 Å 为单位(1Å = 10^{-10}m)。